国之重器·丛书

中宣部主题出版重点出版物
科普中国创作出版扶持计划

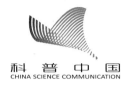

科 普 中 国
CHINA SCIENCE COMMUNICATION

星耀中国

我们的嫦娥探月卫星

吴伟仁 张正峰 张哲 等 著

人民邮电出版社

北 京

图书在版编目（CIP）数据

星耀中国：我们的嫦娥探月卫星 / 吴伟仁等著. --
北京：人民邮电出版社，2023.6
ISBN 978-7-115-61409-4

Ⅰ. ①星… Ⅱ. ①吴… Ⅲ. ①月球探索－概况－中国
②人造卫星－普及读物 Ⅳ. ①P184②V474-49

中国国家版本馆CIP数据核字(2023)第095093号

内 容 提 要

在中华民族五千年的历史长河中，人们对月球的好奇与向往从未停息，古有嫦娥奔月传说，今有嫦娥探月卫星。本书系统地讲述了我国嫦娥探月卫星的发展历程和相关科学知识。全书共分为 5 章，第 1 章回顾古人观月历史，介绍了月球的基本情况和探测月球的意义；第 2 章揭秘月球探测卫星的探测方式、组成、研制及任务过程；第 3 章放眼世界，介绍国外月球探测历程；第 4 章回顾我国探月工程任务的实施过程，详细讲述从嫦娥一号卫星到嫦娥五号探测器的发展之路；第 5 章面向未来，展望月球探测的美好前景。

本书深入浅出，以通俗易懂的语言讲述深奥的科学道理，将科学性、知识性、趣味性融为一体，适合对深空探测感兴趣的中学生、大学生和大众读者阅读，有益于激发公众的科学探索热情，提升公众科学素养，助力中国航天逐梦星辰大海。

- ◆ 著　　　　吴伟仁　张正峰　张　哲　等
　　责任编辑　牛晓敏　房　桦
　　责任印制　马振武
- ◆ 人民邮电出版社出版发行　　北京市丰台区成寿寺路 11 号
　　邮编　100164　电子邮件　315@ptpress.com.cn
　　网址　https://www.ptpress.com.cn
　　雅迪云印（天津）科技有限公司印刷
- ◆ 开本：787×1092　1/16
　　印张：12　　　　　　　　2023 年 6 月第 1 版
　　字数：158 千字　　　　　2023 年 6 月天津第 1 次印刷

定价：169.80 元

读者服务热线：(010)81055493　印装质量热线：(010)81055316
反盗版热线：(010)81055315
广告经营许可证：京东市监广登字 20170147 号

专家委员会

吴伟仁

中国工程院院士、中国探月工程总设计师

潘建伟

中国科学院院士、中国科学技术大学常务副校长

王建宇

中国科学院院士、国科大杭州高等研究院院长

陆　军

中国工程院院士、中国电子科技集团公司首席科学家

董瑶海

上海航天技术研究院科学技术委员会常务委员、型号总设计师

以下按姓氏笔画排序：

王大轶

北京空间飞行器总体设计部科学技术委员会主任、研究员

朱振才

中国科学院微小卫星创新研究院党委书记、副院长、研究员

杨　军

中国气象局工程办公室主任、工程总师

张　哲

深空探测实验室科技发展部部长兼未来技术研究院副院长、研究员

张正峰

北京空间飞行器总体设计部嫦娥五号探测器总体主任设计师、研究员

陈文强

上海航天技术研究院科学技术委员会型号总指挥、研究员

彭承志

中国科学技术大学合肥微尺度物质科学国家研究中心研究员

本书编写组 ——

以下按姓氏笔画排序：

于杭健　申振荣　刘　豪　李　飞　李晓光

吴伟仁　张　哲　张正峰　张曼倩　赵　洋

贾晓宇　贾瑛卓　高　舰　盛瑞卿　逯运通

温　博

系列书序

"秋七月，有星孛入于北斗"，早在公元前613年，哈雷彗星就被载入史书《春秋》中；而被发现于莫高窟藏经洞经卷中的敦煌星图，更是被吉尼斯世界纪录认定为世界上最古老的星图之一。"冥昭瞢暗，谁能极之"，大约2300年前，诗人屈原用长诗《天问》向浩瀚无垠的星空发问，表达了中华民族对自然和宇宙空间不懈的探索精神。

1957年，世界第一颗人造卫星发射上天。1958年，毛泽东主席在中国共产党第八次全国代表大会第二次会议上提出"我们也要搞人造卫星"，自此开启了我国人造卫星的探索之路。1970年4月24日，在酒泉卫星发射中心，我国成功将自己的第一颗人造地球卫星送上了太空，响彻全球的"东方红"乐曲宣告中国进入航天时代。

进入21世纪，我国载人航天、北斗、探月等重大工程相继实施。在通信卫星领域，"东方红五号"卫星平台首发星成功定点，带动了我国大型卫星公用平台升级换代，中国卫星研制能力跨越式提升。在遥感卫星领域，"高分"系列卫星相继发射，推动我国遥感卫星的空间分辨率迈进亚米级时代。在导航卫星领域，多颗北斗卫星交相辉映，北斗卫星全球导航系统组网完成，我国成为世界上第3个独立拥有全球卫星导航系统的国家。

近年来，"悟空"暗物质粒子探测卫星、"墨子号"量子科学实验卫星、"慧眼"硬X射线调制望远镜、"太极一号"空间引力波探测技术实验卫星、"羲和号"太阳探测科学技术试验卫星、"碳卫星"全球二氧化碳监测科学实验卫星等"科学新星"冉冉升起、闪耀太空，在科学家研究宇宙、探索自然奥秘等方面发挥了重要作用。

中国国家航天局在"'十四五'及未来一个时期发展重点规划"中指出，将重点推进行星探测、月球探测、国家卫星互联网等重大工程，

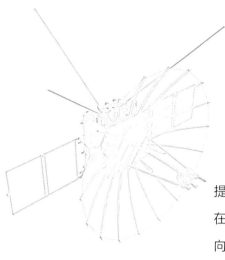

提升航天综合实力；不断增强卫星应用服务能力，支撑经济社会发展。在服务经济发展方面，推动遥感、通信、北斗导航应用产业化，开发面向大众消费的新型信息消费产品与服务，丰富应用场景，提升大众生产、生活品质，推动航天战略性新兴产业发展。因此，了解卫星的工作原理和应用价值，了解卫星是如何影响并改变人们的日常生活，对于生活在"大航天时代"的我们来说，具有很重要的意义。

独立研制人造卫星，是一个国家科学水平和工程技术水平的集中体现，需要极强的基础工业体系，更需要一代又一代的科技人才接力奋进。为提高社会大众的科学素养，拓展青少年的科技视野和技术储备，为国家建设培养未来科技人才，我们特别邀请业内权威的作者团队，策划了"国之重器"丛书的"星耀中国"系列。本系列图书将带领读者走进风云气象卫星、嫦娥探月卫星、量子科学实验卫星等卫星项目，用图文并茂的形式展示中国自己的人造卫星，讲述卫星背后的精彩故事，展示卫星研发科技工作者的奋斗成果。

"一个不知道仰望星空的民族是没有希望的民族"，我们希望会有更多的科技爱好者和青少年读者，从中国卫星创新发展故事中受到启发，继续弘扬科学家精神，追随现代前沿科技的脚步，步入科学的殿堂，成为下一代科技栋梁之才。我们更希望本系列科普图书能带领大家探索浩瀚宇宙，服务国家发展，增进人类福祉！

以书献礼，用心讲好中国卫星故事。谨以此系列图书致敬党的百年华诞，奋楫献礼党的二十大。

专家委员会

序

　　发展深空探测、揭秘未知世界，探索浩瀚宇宙、拓展生存空间，这是人类矢志不渝的追求。如今的深空探测技术，堪称集人类科技瑰宝之大成。在茫茫宇宙中，月球作为地球的近邻，是人类走出摇篮、迈向深空的第一站，世界各国的深空探测都是从月球探测开始的。在我国，自古以来就有广为流传的"嫦娥奔月""玉兔捣药"等美丽传说，在明朝也有"万户飞天"的勇敢尝试。如今我们的"嫦娥探月工程"终于真正实现了上九天揽月的千年梦想，它是我国深空探测的"前哨站"，也是科学思维和工程水准的绝佳展示，更是综合国力的集中体现，已成为科学技术发展水平的重要标志。

　　九天揽月星河阔，十六春秋绕落回。与其他航天强国相比，我国的探月工程起步晚了50多年，却开辟出一条独立研发的科技强国新道路。2004年"嫦娥一号"任务立项启动，它的成功实施实现了我国深空探测"零的突破"；2020年"嫦娥五号"携带月球样品返回地球，标志着探月工程"绕、落、回"三步走发展规划圆满收官。经过十六载的奋斗，深空探测领域科技工作者胸怀梦想、求实进取、披荆斩棘，创造了探月工程"六战六捷"的骄人战绩，使我国太空视野更加深邃、宇航能力持续增强。在科学上没有平坦的大道，这条路上尽是不畏艰难沿着峭壁攀登的人，探月之路亦是如此。2019年1月11日，中共中央、国务院、中央军委在祝贺探月工程"嫦娥四号"任务圆满成功的贺电中，把探月精神集中概括为"追逐梦想、勇于探索、协同攻坚、合作共赢"，由此，探月精神光荣地成为中华民族的精神象征之一。一代又一代探月人正以自己的实际行动践行"航天报国"的初心。

　　探月精神需要传承，科学高峰需要一代代人接续攀登。在探月工程取得一系列突破性成果之际，我们认为既有必要也有义务做好相关科学

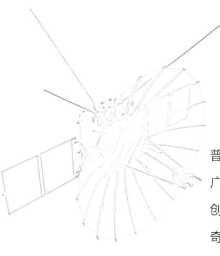

普及工作，面向社会大众，用自己的话语再现中国探月工程的奋斗历程，广泛宣讲深空探测的意义，展示我国科技工作者多年来坚持不懈和自主创新的品格，充分讴歌中国力量。在社会大众中，青少年有着天然的好奇心和创造力，是国家未来的希望。为国家培养下一代栋梁之材，是我们义不容辞的责任。我们希望能成为广大青少年在深空探测领域的良师益友，帮助他们开阔科技视野，增加知识储备，提升科学素养，树立远大理想。因此，全程参与探月工程的科技工作者，在繁忙的科研任务之余，勇担社会责任，以"大家写小书"的严肃态度和学术标准写就了这本《星耀中国：我们的嫦娥探月卫星》。希望大众能深切感受到探月之路的艰辛与伟大，能真正理解探月工程中的创新理念；希望青少年能通过阅读本书提高科学品位、体悟科学精神，即使在多年以后，这些感悟仍然足以鼓舞他们砥砺前行。

本书对世界特别是我国的月球探测历程做了严谨的总结，生动呈现了月球探测卫星/探测器的基本原理和研发过程，真实地记录了我国"嫦娥"系列月球卫星/探测器的任务特点、技术创新、飞行过程和科技成果。全书内容丰富，图文并茂，收录了大量关于嫦娥探月卫星/探测器的第一手视觉资料，既具有知识性、启发性，又富有权威性。作为一部科普书，它凝聚的是探月工程团队的智慧，传播的是航天文化和探月精神的荣耀。

我们为中华崛起展翅翱翔，为民族复兴放声歌唱。相信会有更多的青少年和科技爱好者从我国的探月故事中受到启发和激励，追随宇航前沿脚步，一步一个脚印，在新时代成为让全球瞩目的天际弄潮儿。科技强国之路，定能薪火相传；人类进步之梦，必有泱泱华夏之声！

前言

　　月球是距离地球最近的天体，也是地球最忠实的伙伴。月球是怎么产生的？月球上有什么？怎样才能飞到月球上去？数千年来，人类对月球的美好想象和无限憧憬在不断延续，涌现出很多优美的故事传说和不朽的诗词歌赋，如同璀璨群星，点亮历史的天空。古今中外，无数天文学家和科学家也在不断思索和研究，从早期的裸眼目测到后来的望远镜观测，试图更加深刻地认识月球。

　　自20世纪50年代起，随着航天科学技术的不断发展，人类逐渐迈出太空探索的脚步。美国、苏联在1959年至1976年间，开展了近百次与月球相关的探测活动，相继取得一系列重大探测成果，极大地促进了科学技术的进步，为人类认识月球、探索宇宙提供了大量资料。经过一段时间的沉寂期后，20世纪90年代，月球探测再次成为深空探测领域的热点，欧洲、日本、印度、以色列等地区和国家纷纷加入这一行列，掀起了国际月球探测的第二轮高潮，获得了更为丰富的科学探测成果。

　　九天揽月是中华民族的千年夙愿。自2001年开始，我国正式启动月球探测工程的论证工作，并提出了"绕、落、回"三步走的无人月球探测规划。2004年1月，经党中央、国务院批准，嫦娥一号卫星研制工作正式立项启动，拉开了中国飞天揽月、逐梦深空的大幕。自2007年10月嫦娥一号卫星成功发射，至2020年12月嫦娥五号返回器携带月壤平安归来，我国圆满完成了嫦娥一号、嫦娥二号、嫦娥三号、嫦娥四号、月地高速再入返回飞行试验（嫦娥五号再入返回飞行试验）和嫦娥五号共6次月球探测任务，实现了"六战六捷"，获得了丰硕的科技成果，为探月工程"绕、落、回"三步走发展规划画上了圆满的句号，显著提高了我国在月球探测乃至深空探测领域的国际地位。未来，我们还将论证和实施探月工程四期、国际月球科研站等重大工程任务，为人类

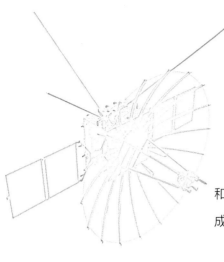

和平利用太空、探索宇宙奥秘贡献更多中国智慧、中国方案，向全面建成航天强国加速迈进！

本书以我国月球探测任务的实施为主线，从人类对月球的早期认识和月球的主要特征开始，向广大读者介绍了月球探测的意义和方式、月球探测卫星/探测器的系统组成、研制历程和飞行过程；简要回顾了20世纪50年代以来世界各国月球探测的主要历程；围绕我国月球探测工程的实施，重点阐述历次月球探测任务的关键环节和所取得的科技成果；对未来月球探测的发展前景进行展望。通过阅读本书，读者能够全面了解月球探测相关知识，以及世界月球探测的发展，特别是我国月球探测工程所取得的巨大成就，并从中领悟"追逐梦想、勇于探索、协同攻坚、合作共赢"这一具有时代特征的探月精神的深刻内涵，不断激发公众投身科学研究、探索宇宙奥秘的热情。

本书出版之际，正值嫦娥系列卫星/探测器的诞生地——中国空间技术研究院成立55周年，谨以此书致敬中国空间技术研究院半个多世纪以来创造的辉煌成就。祝愿中国的深空探测事业，以梦为帆，走向更深远的太空，为建设航天强国、实现中华民族伟大复兴再立新功！

在本书的编写过程中，我们得到了深空探测实验室、国家航天局探月与航天工程中心、中国空间技术研究院、中国科学院国家空间科学中心等单位数十位专家和学者的大力支持，在此表示衷心的感谢！

本书编写组

2023年2月

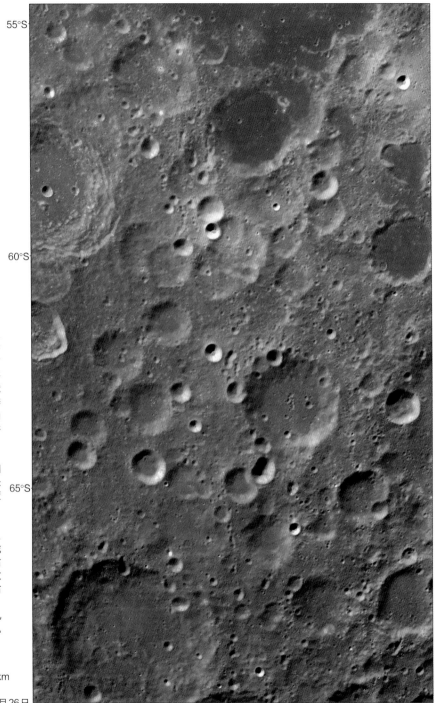

中国首次月球探测工程第一幅月面图像是由嫦娥一号卫星上的CCD立体相机获得的。CCD相机采用线阵推扫的方式获取图像，轨道高度约200km，每一轨的月面幅宽60km，像元分辨率为120m。本图共由19轨图像拼接而成，位于月表83°E到57°E，70°S到54°S，图幅宽约280km，长约460km。图像覆盖区域属月球高地，主要由斜长岩组成，分布有不同大小、形态、结构和形成年代的撞击坑。右上部暗色区域由玄武岩覆盖。图中右侧60km宽的条带，是CCD相机开机获得的第一轨图像。

N

0 15 30km

发布日期：2007年11月26日

中国首次月球探测工程第一幅月面图像

目录 ————————

第1章

CHAPTER 1

熟悉而神秘的月球

在浩瀚的宇宙中，离地球最近的天体，是月球；在人类仰望夜空时，最醒目的星球，也是月球。古今中外，绝大多数国家和民族都有关于月亮的神话故事，以及不少描写月亮的脍炙人口的诗词，流传至今。

在中国的神话传说中，月亮诞生于盘古开天辟地之际，盘古的左眼变成了耀眼的太阳，右眼化作了皎洁的明月。而在中国民间，流传更广的则是"嫦娥奔月"的故事。在远古时期，嫦娥是射日英雄后羿的妻子，她美丽、善良。后羿藏有一颗丹药，这颗丹药由昆仑山的西王母所赐，可以让人长生不老、飞天成仙。有一年八月十五，后羿一早带着徒弟出门狩猎，便将仙丹交给嫦娥保管。但是，后羿的另一位徒弟——逢蒙突然闯入后羿家中，逼迫嫦娥交出仙丹。嫦娥进行了激烈反抗，眼见不敌，情急之中将仙丹一口吞下。不多时，她的身体便飘离地面，从窗口飞出，越飞越高，一直朝着月亮飞去。后羿回家后发现嫦娥已经离去，只见皓月当空，明月之中仿佛是嫦娥的身影。后羿思念妻子，便在花园中摆上香案，放上嫦娥平时爱吃的蜜食和鲜果，作为寄托。百姓们

▶ 中国神话传说嫦娥奔月图

得知嫦娥奔月的消息后，也纷纷在月下摆起香案，向善良的嫦娥祈求吉祥平安。随着这个故事在民间的流传，人们逐渐形成了中秋赏月并祈盼团圆的风俗。

赏月属于一种观月活动，但观月并不一定是赏月。古人观月，还有比祈福更重要的功能，如通过观察月亮的盈亏来推算时令和节气。

1.1 月球观测与古代历法

1.1.1 月球观测源远流长

人类很早就开展了对月球的研究。公元前4世纪前后，古希腊文明日渐繁荣，仅在天文学领域就出现了多个学派，其中亚历山大学派的研究成果最为突出，阿里斯塔克、依巴谷和托勒密都是其代表人物。这一学派通过推算认为：地球的周长约为39 625km，月球半径约是地球半径的1/3，地月距离约是地球半径的59倍，这些数字已经和当代的测量结果较为接近。

我国在东汉时期对月球的研究也有杰出的成果，比如李梵、苏统通过观测发现月球在"天球"上的运动速度不稳定，时快时慢；不久之后，著名的经学家、天文学家贾逵也观测到这一现象，并提出"月行有迟疾"，每9年循环一次，这些发现后来逐渐都被科学家证实。现在，我们根据开普勒第二定律已经知道：月球绕地球运动的轨道是椭圆形的，在近地点时速度最快，在远地点时速度最慢。

随着科技的不断进步，人类观测月球的手段也越来越多，月球的神秘面纱逐渐被揭开。1609年，意大利数学家、天文学家伽利略用一架32倍的望远镜观测了月面，这是人类第一次通过人造光学设备对月球进行科学观测。伽利略发现，月球的表面粗糙不平，既有较暗的大块平坦区域，又有不少陡峭的山脉，还有许多像火山口一样的撞击坑。

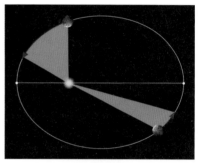

▲ 开普勒第二定律示意图

▲ 伽利略手绘的月球表面图

1.1.2　月亮与古代历法的关系

说到古人观月，很难不提到历法。历法，就是计算日期和时间的整套方法，这套方法依据自然规律得出，它根据天象的变化来推算日期和时间。有了历法，人们才能预测季节的往复更替、气候的常规变化。古代的天文学家、历法学家通过长期观测，掌握了月球的运动规律，并以此作为重要的依据，制定出了历法。绝大多数文明古国曾把月相的圆缺变化作为制定历法的参照，并用来指导农业生产、祭祀等活动。这种根据月相制定出的历法，统称为"阴历"；而根据地球绕太阳运转周期制定出的历法，则统称为"阳历"。

我国南北朝时期杰出的天文学家、数学家祖冲之汲取前人的成功经验，经过多年观测和推算，完成了我国历法史上的第二次大改革。他制定出了当时世界上最精密的历法，简称"大明历"。这部历法提出：应在每391年中设置144个闰月，朔望月的长度为29.530 9日，一个回归年的长度是365.242 8日。这与实际的天象十分吻合，与我们利用现代天文手段测出的数值极其接近！

▶ 祖冲之画像

1.2 揭开月球神秘的面纱

1.2.1 月球起源之谜

古代先贤关于月球的研究成果令人惊叹，但他们没有触碰到月球起源这类问题。对于这个问题，几百年来科学家一直有不同的猜想和假说，归纳起来主要有4类：同源说、俘获说、离心分裂说及大碰撞分裂说。

• 同源说：月球与地球是"姐妹"或"兄弟"的关系，它们在太阳星云的凝聚过程中同时"诞生"，距离相近，形成过程也相似。月球从一开始就是属于地月系统的。

• 俘获说：月球是地球抢过来的"女儿"。月球和地球在形成之

▲ 月球起源假想图

初，处于太阳星云的不同部位，分别由不同化学成分的星云物质凝聚而成。但由于月球的运行轨道与地球轨道面相近，导致月球被地球俘获，成了地球的卫星。

• 离心分裂说：月球是地球的亲生"女儿"。地球在形成的早期自转速度很快，且处于熔融状态，于是在赤道面附近出现了物质膨胀区。在自转的作用下，这里的一部分熔融物质最终被甩了出去，随后开始绕

着地球运转，并且逐渐冷凝形成了月核。月核后来又从太空中不断地吸积物质，最终形成了月球。

• 大碰撞分裂说：月球仍是地球的亲生"女儿"，但"生"法不同。在45亿年前地球形成后不久，受到一个类似火星大小天体的撞击。数分钟后，部分地壳物质被熔化，进而蒸发并被喷出；数小时后，喷出物在近地球轨道上冷却，凝结形成了月球。这个假说与计算机仿真得出的结果比较一致，并且与实际观测结果相吻合。

几百年来，随着人们对月球研究的不断深入，相关的认识也逐步深化。前3种假说虽然能不同程度地解释月球的化学成分、结构特征和地月关系，但它们在地月成分对比、运动特征等方面难以自圆其说。目前，"大碰撞分裂说"的支持者已经逐渐占据大多数。自20世纪下半叶以来，月球探测活动持续推进，人类不断取得第一手的资料，有效推动了相关研究工作。未来随着科技水平的不断发展，月球起源的最终奥秘必将被科学家破解。

1.2.2　初识月球真面目

1. 月球的质量

月球的质量约为7.35×10^{19}t，相当于地球质量的1/81。月球由于质量小，产生的引力也小，它表面的重力只有地球表面重力的1/6左右。

▲ 地球与月球大小对比效果图

2. 月球的大小

月球基本上是个圆球体，平均直径约为3 476km，是地球直径的1/3.66，体积仅为地球体积的1/49左右。月球表面积约为$3.8 \times 10^7 km^2$，大概是我国陆地面积的4倍。

3. 月球的亮度

人们看到又大又圆的月亮，总

是不免赞叹它柔和皎洁的光芒。然而，月球本身并不发光。我们看到的月光，其实是由月球反射的太阳光。月球的反照率为0.07，这是指照射到月球上的光线只有7%被它反射出来，其余的93%都作为能量被它吸收了。

4. 月球的运行轨道

月球时刻不停地绕着地球公转，这与地球绕着太阳公转十分类似。月球的自转周期正好等于它绕地球的公转周期，都约是27.3个地球日。月球绕地球公转的轨道是椭圆形的，最接近地球时离地球约363 000km，最远时则离地球约406 000km，平均距离约为384 400km。

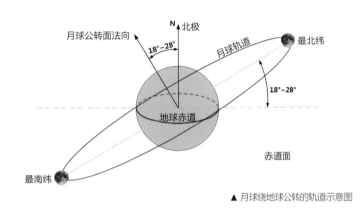

▲ 月球绕地球公转的轨道示意图

5. 月球的温度

月球的大气极为稀薄，平均气压只有地球大气压的$1/10^{14}$，比地面上一般真空实验室能达到的真空度还要低，因此月球上通常被认为没有大气。没有了大气对流，无法及时传递热量，导致月面的昼夜温差极大。白天，阳光直射到的月面温度最高可超过120℃，夜间则会下降到-180℃之下。即使是处在白昼的区域，只要是阳光不能直接照射到的位置，其表面温度也相当低。

6. 月球的岩石和月壤

月球是由岩石构成的星体，它的表面主要有两类岩石，即玄武岩和斜长岩。由于长期遭受小天体的撞击、太阳风和宇宙射线的轰击，以及昼夜温度的剧烈变化，月球岩石很容易碎裂、崩解，因此形

▲ 月球的岩石和月壤

成了一层覆盖在月面的土壤（称为"月壤"）。月壤的颗粒细碎、松软，平均直径仅为300~400nm。月壤层的厚度通常为几米到十几米不等，在月海区厚度平均为3~5m，在高地区厚度平均约为10m。

7. 月球上的水

月球的绝大部分表面没有水，因为月昼期间表面温度过高，即使有水分也很容易蒸发，且月球引力较弱，会使水分很快逸散到太空中。不过，一部分撞击月球的小行星本身可能携带一些固态的水（也称"水冰"），它们在撞击月面时可能将少量的水冰遗存在月壤的深层或者撞击坑的底部。这种情况出现在月球南极和北极地区的可能性较大。美国的月球探测器利用遥感技术和中子谱仪，在月球的两极区域发现了大量氢元素存在的证据，科学家推测那或许就是水冰。

8. 月球的地形地貌

我们与人交往时，首先最容易关注的就是外貌特征，看月球的时候，难免也是这样。月球的地形地貌特征不仅体现着其演变过程，也反映了月球受到外界干扰、遭遇空间撞击后的综合结果。

月球上没有空气、没有生命，广袤而荒凉。与地球相比，月球的地形地貌要简单得多，其表面地理特征总体上可分为两类：月海和高地。

我们平常用肉眼看月球，看到它正面的暗黑色斑块，就是月海。月海是月面的宽阔平原，总面积约占月球表面积的17%。月球上有22个月海，它们的面积各不相同：大的如风暴洋，宽达1740km；小的如泡海，宽度只有160km。大多数月海呈现两个特点：一是圆形、封闭；二是被山脉所包围，内部相对较为平坦，坡度一般在10°

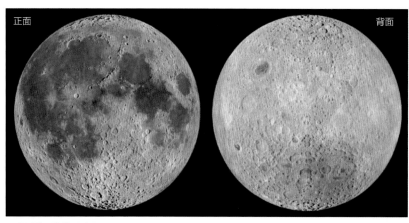

正面　　　　　　　背面

▲ 月球地形地貌遥感图

以内。月海的地势远低于高地，如果与月球的平均"水平面"相比，静海和澄海要低1 700m左右，湿海要低5 200m左右，最深的"海底"则是雨海的东南部，要低6 000m左右。

月海边缘也有一部分伸入高地，这种区域通常以"湾""湖"或"沼"为名。其中湾的数量最多，最大的湾是位于月球正面的露湾，它在风暴洋的最北部，其他较大的湾还有暑湾、中央湾、虹湾、眉月湾等。湖的数目不多，有梦湖、死湖、春湖、夏湖、秋湖等。沼的数量最少，已命名的只有3个，分别是雨海东面的腐沼、云海南面的疫沼、静海东面的梦沼。

高出月海的地区均称为高地，也叫月陆。高地地区一般会比月球的"水平面"高出2~3km。高地主要由一种浅色的岩石组成，即斜长岩，这种岩石对阳光的反射率较高，我们用肉眼看到的月面上洁白发亮的部分就是高地。月面还有许多连续的、险峻的山峰带，称为山脉或山系，它们的数目不多，但高度很高，可达7~8km。这些山脉的名称大多直接采用了地球上的山脉名称，如雨海周围的高加索山脉、亚平宁山脉、阿尔卑斯山脉等，其中亚平宁山脉最为雄伟，长度超过1 000km，高出月面3~4km。

▲ 月球上起伏的山脉

月面的不少地区还有一些颜色灰暗的大裂缝，弯弯曲曲延绵数百千米，宽度为几千米到几十千米，看起来很像地球上的沟谷。因此，早期的观测者把其中较宽的裂缝称为月谷，把细长的裂缝称为月溪。

从太空中观测，可以看到月面上有很多环形坑，它们让月面显得起伏不平、峰峦密布。据统计，在这些大大小小的环形坑中，直径大于1km的超过

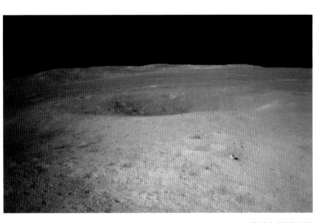

▲ 月球上的陨石坑

33 000个，其总面积占月球表面积的7%～10%。研究表明，绝大多数的环形坑是由小天体撞击后形成的撞击坑。了解月面撞击坑的形态、结构、规模和数量，对于研究月球物质、形貌和内部结构的形成具有深远的意义，还可以进一步揭示月球的运动和演化规律。

9. 月球的内部结构

从科学家对月震波的研究结果来看，月球内部也有着与地球相似的圈层构造，具体可分为月壳、月幔、月核3部分。但是，关于各圈层的厚度、物质成分和演化情况，目前在科学界还有一定的争议。

按照相对主流的观点，月壳的体积约占月球总体积的10%，不同区域的月壳厚度差异较大，比如月球正面的月壳平均厚度约为50km，背面则平均约为74km。月幔的厚度至少为1 000km，研究表明月幔的内部构造也是不均匀的，很多专家认为月幔可以分为上月幔、下月幔和衰减带。关于月核，至今还没有确切的证据证明它是由金属元素组成的，由月震仪记录到的相关数据推测，月球可能拥有一个半径约为700km、熔融状态的核，成分大概是硫化铁或铁－镍合金。

虽然人类目前还无法确定月球的内部结构，但随着对月球探测与研究的不断推进，在这方面的认识必将更加清晰和深入。

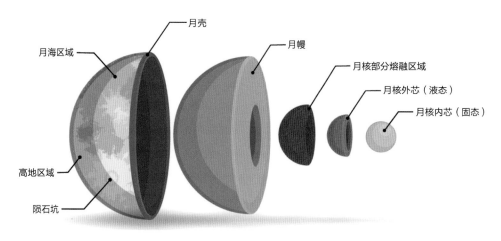

月壳
月海区域
月幔
月核部分熔融区域
月核外芯（液态）
月核内芯（固态）
高地区域
陨石坑

▲ 月球内部构造示意图

知识小课堂：月球引起的潮汐

在我国古代，海水的涨落如果发生在白昼，就称为"潮"，如果发生在黑夜，就称为"汐"，二者合称为"潮汐"。潮汐是在月球和太阳引力作用下形成的海水周期性涨落现象，月球在其中起着主导的作用，也是月球对地球的重要影响之一。

从地球上看，月球每天自东向西运动，海潮也自东向西运动，与地球自转的方向相反。于是，潮汐涨落引起海水、大气、地壳与地幔的摩擦，消耗了地球自转的动能。正因如此，潮汐现象使得地球和月球的自转速度逐渐变慢。在过去的45亿年时间中，这已经导致月球的自转和其绕地球的公转周期相等，这就是月球有一面永远朝向地球的原因。

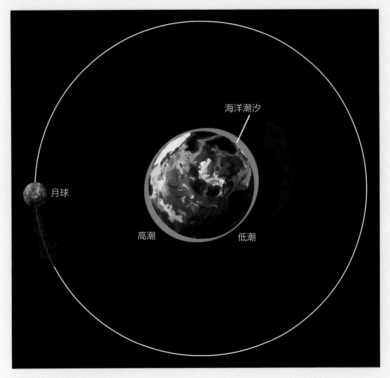

▲ 潮汐现象原理示意图

与此同时，月球引起的潮汐也使得它离地球越来越远，速度是每年远离3.8cm。幸运的是，相对于地月之间的距离，这个远离速度非常小，需要经过26 000多年才能使地月距离增加1km，所以我们现在还不用担心漫漫长夜没有月光陪伴。

1.3. 月球探测的意义

探索未知世界、拓展生存空间是人类发展的永恒动力。月球作为地球唯一的天然卫星，被人类赋予了太多的梦想和憧憬。月球蕴含了地球、太阳系起源和演化的无穷奥秘，同时蕴藏着丰富的能源和矿产资源，还能为空间科学与探测研究提供独特的条件，也是人类走向深空的前哨站和试验场。因此，开展月球探测任务，对于探索浩瀚星空、了解宇宙起源、开辟人类新的生存空间，具有重要的战略意义。

1.3.1 月球资源价值高

科学家研究发现，月壤中含有丰富的氦-3资源，这种氦的同位素在地球上是稀有的，但在月球上的储量很大。此外，月海的玄武岩中富含优质的钛铁矿，这是一种利用价值极高的重要矿产，是在月球上获取金属材料和氧气的主要原料之一，对于未来建设可长期运行的月球科研站具有十分重要的作用。月球上的岩石中还蕴藏着丰富的硅、铝、钙、钠、钾、铀、钍、铁、稀土元素和磷等矿产资源。

1.3.2 空间环境效用多

月球上的空间环境条件，与地球的自然环境大不相同。比如：月球的真空环境因为没有大气的吸收、反射与散射等干扰因素，属于高洁净的空间；月面重力加速度小，地质构造稳定，是开展基础科学实验、研发特殊生物制品和新型材料的天然场所。

鉴于月球的位置十分特殊，人类可以在月球上建立监测站，对地球的气候变化、生态演化、环境污染和自然灾害情况进行高精度的监测，为相关的研究、预报和评估提供高价值的数据。月球没有全球性的磁场，电磁环境也更为纯净，人类还可以在月球上建立月基天文台，从而避开地球大气对天体电磁辐射的吸收和散射影响。月基天文台是观察太阳、宇宙电磁辐射，探索宇宙早期起源奥秘的绝佳场所。此外，月球也是未来开展深空探测的前哨站。

1.3.3 带动科技新发展

重大科学发现将越来越多地诞生于空间科学领域，人类的生存和发展将更多地依赖于空间科学研究的成果。月球是研究天体物理学、空间物理学、空间生命科学和材料科学等学科的理想场所。开展月球探测，将有力地促进多个领域的基础科学创新和发展。伴随着探月工程的顺利实施，我国科学家面向重大前沿科学问题，获取了一系列新知识、新发现、新成果，显著提升了基础科学的研究水平和创新能力。

月球探测是众多高新技术的高度集中体现和应用融合，开展月球探测，还将带动航天技术和众多高新技术的发展。我国通过实施探月工程，掌握了深空探测多项关键技术，建立了较为完善的工程体系，有力地促进了新型能源、电子通信、新材料研制、人工智能与遥操作等技术的发展。

1.3.4 体现大国新担当

当今世界正处于快速发展和变革时期，人类面临诸多挑战，需要共同应对。我国持续开展月球探测活动已成为依靠自主创新、实现跨越发展的生动实践，不仅承载着以探月梦托举航天梦、中国梦的历史使命，也是履行大国责任和担当，为构建人类命运共同体贡献中国智慧、中国方案、中国力量的具体表现。

02

第2章
CHAPTER 2

走近月球探测卫星

1957年10月4日，苏联发射了世界上第一颗人造地球卫星——斯普特尼克1号，拉开了空间时代的帷幕。人类在具备卫星发射的能力之后，很快就将探索宇宙的目光聚焦到离地球最近的星球上，那就是月球。苏联乘胜追击，在1959年1月2日发射了月球1号探测器，它从距离月球最近只有5 995km处飞掠而过，成为历史上第一个近距离探访月球的卫星/探测器。随后的60多年时间里，美国、欧洲、日本、中国、印度、以色列等先后向月球发射了航天器，总数超过了120颗。这些航天器对月球开展了全面探测，具体形式包括飞越、撞击、环绕、着陆、巡视、采样返回乃至航天员登陆，一步步揭开了月球神秘的面纱，解答了古往今来人类对月球的许多疑问。

2.1. 月球探测的 N 种方式

随着航天技术的不断进步，月球探测的水平在逐步提高。月球探测的具体方式可以按照被实现的顺序进行分类，即飞越与撞击、环绕飞行、着陆与巡视、采样返回、载人登月等。这些探测方式难度逐步增大，但相应地也可以获得更多、更有价值的成果。

2.1.1 飞越与撞击

飞越与撞击，是人类近距离探测月球最初采用的方式。在20世纪50年代末，由于技术水平有限，科学家和工程师不能保证探测器准确地进入绕月球飞行的轨道，更无法保证安全降落到月面，所以当时首选的探

说明：月球探测航天器更多地被称为月球探测器，本书书名采用的"探月卫星"一词主要是沿用了我国第一颗月球探测器名为"嫦娥一号卫星"的说法。

测方式只能是"绕过去"和"撞上去"。

"绕过去"是指飞越探测，让探测器从月球附近飞掠而过（距离从几十千米至几万千米不等）。在飞掠的过程中，探测器可以利用携带的光学相机和微波雷达等仪器设备，对月球进行成像观测，并开展初步的环境勘察。这种探测方式持续时间短、精度低。苏联发射的月球1号作为人类首颗月球探测器就是采用这种方式，探测到了月球和地球的磁场、宇宙射线强度、太阳风状况等环境数据。值得一提的是，这颗探测器原计划是要撞向月球的，但由于当时技术尚不成熟，控制精度未能满足要求，才从月球附近飞掠而过。

"撞上去"则是指撞击探测，探测器在撞击前短暂的过程中获取近距离的月球探测数据。撞击的结果肯定会导致探测器直接"牺牲"，这种着陆方式与后来的"软着陆任务"有明显的区别，有时也被称为"硬着陆"（探测器能"活"下来的着陆方式被称为"软着陆"）。1959年9月，苏联的月球2号探测器成功实施了对月球的硬着陆，撞击的地点在月面雨海区域的莫多利卡环形山。近年来，为了避免月球探测器在失效之后成为留在轨道上的太空垃圾，各国通常会在飞行任务的最终阶段，控制探测器主动撞向月面，并利用撞击过程完成对月球的最后探测。

▲ 飞越探测示意图

▲ 撞击探测示意图

2.1.2 环绕飞行

环绕飞行，是目前最常见的月球探测方式。探测器从地球出发，在接近月球后会"踩一脚刹车"，也就是通过制动来减速。这个减速的幅度和时机都是计算好的，使探测器正好被月球引力场所捕获，但又不至于撞向月球。随后，探测器就沿着月球轨道稳定地飞行，成为人造的月球卫星。根据不同的探测任务需求，月球探测器可以选择多种环绕月球的轨道，例如圆形轨道、大椭圆轨道等。

▶ 环绕飞行探测示意图

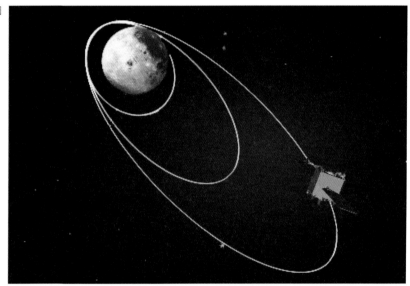

相较于飞越和撞击，环绕飞行这一探测方式优势明显。探测器在环绕飞行时可以对月球进行长时间、大范围的观测，让光学相机、微波雷达等仪器设备更充分地发挥作用。探测器在飞行过程中，还可以根据任务需求，调整轨道的高度与倾角，对科学家感兴趣的重点区域进行高分辨率定点观测，同时也可以对地月空间环境进行探测。

中国、美国、俄罗斯、日本、印度等国家以及欧洲航天局都已经实现了对月球的环绕飞行探测，获取了高分辨率的月球地形地貌图像，获得了月面的物质成分、元素分布、温度特性，以及月球重力场分布等各类探测信息。

2.1.3 着陆与巡视

着陆探测就是前面提到的"软着陆",是指探测器安全落在月面,并继续执行探测任务。与环绕飞行相比,着陆探测获取的是月面原位探测数据,对月球的观测更加深入细致。这种方式对探测器的技术要求更高,探测器减速后要能在指定的时刻、指定的位置,并且以缓慢的速度安全平稳地降落在月面,才可以保证它在着陆后能正常开展工作。

◀ 着陆和巡视探测示意图

说到精准、缓慢地降落,会让人想到载人飞船乘着降落伞飘然下降的场景。由于月球没有大气层,无法给降落伞提供空气阻力,因此月球探测器的减速制动,只能利用自身发动机产生的推力。

探测器软着陆成功后,就可以开启仪器探测周围的环境,例如分析着陆点的地形地貌、地质结构和物质成分,同时还能执行空间环境探测、天文观测等任务。如果探测器携带了月球车,还能让月球车在月面"边走边看",通过"巡视"来扩展探测区域,进一步提高任务效能,获取更多近距离、高精度的探测数据。

苏联和美国在20世纪60年代相继实现了月球软着陆及巡视探测。我国的嫦娥三号探测器于2013年12月成功着陆月面,使我国成为世界上第三个实现月球软着陆和巡视探测的国家。

2.1.4　采样返回

采样返回最吸引人的特点就是能带回月球的"土特产"。利用采集回的月壤和岩石样本，科学家就能在地面先进的实验室对它们展开全面、细致的研究。这种方式要求探测器拥有机械臂等装置，并能在采集到月球样品后将其封装保存，随后携带样品从月面起飞，返回地球。

与着陆探测相比，采样返回任务涉及的关键技术更多，包括月面采样封装、月面起飞上升、月地高速再入返回等，在无人探月任务中系统最为复杂、难度最高。苏联于1970年完成了世界上首次无人月球采样返回任务，随后又分别于1972年和1976年完成了两次。我国则在2020年12月由嫦娥五号探测器完成了月球无人采样返回任务，将我国月球探测水平提升到了新的高度。

▲ 月面采样完成后起飞上升示意图

2.1.5 载人登月

载人登月就是将航天员送上月球，直接在月球上进行探测与试验，其工作内容自然也更加丰富和灵活。载人登月是迄今为止最复杂的月球探测方式，技术难度非常大，对运载火箭和探测器的可靠性、安全性要求极高，需要巨大的资金和技术投入。目前，对各个航天国家而言，载人登月都是一项重大的技术挑战。

美国是目前世界上唯一实现载人登月的国家。1969年7月，在经过多次的地面试验和飞行测试后，美国的阿波罗11号载人飞船把2名航天员送上了月球。在此之后，美国又成功实施了5次载人登月任务，取得了举世瞩目的探测成果。

▲ 航天员登月情景设想图

2.2. 浅识月球探测卫星

月球探测卫星（月球探测器），是对月球开展科学探测任务的航天器的统称。月球探测器可以变身为不同的类型，例如绕月球飞行的卫星、在月面着陆的着陆器和在月面行驶的月球车，其类型主要由它所需要完成的任务决定。

月球探测器的设计与研制过程，与绕地球飞行的卫星相似。科研人员首先要把对探测器的构想"分解"开来，把整个系统拆分成若干个具有特定功能的分系统。这些分系统各司其职，协同工作，保证科学探测任务的顺利完成。从分系统往下，还可以再分解成各种具体的单机设备和部件。一台台设备、一个个部件，有序地组装在一起，就构成了月球探测器。按照功能，可以将月球探测器分为两大部分：平台和有效载荷。

平台为探测器的正常工作提供保障功能，包括结构支撑、供配电、信息管理、测控通信、温度环境控制、飞行姿态和轨道控制等。通常平台包括结构分系统、机构分系统、热控分系统、供配电分系统、数据管理分系统、测控数据传输分系统、制导导航与控制分系统、推进分系统，以及其他实现专用功能的分系统，分系统的具体配置将根据任务需求的不同有一定的差异性。

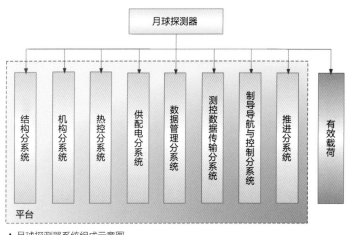

▲ 月球探测器系统组成示意图

有效载荷是直接用来进行月球探测的各种仪器和设备，比如光学相机、物质成分探测仪等。每颗月球探测器因具体的探测目标和探测形式不同，携带的有效载荷也会有所不同。

2.2.1 平台

1. 结构分系统

顾名思义，结构是用来安装和承载平台各种仪器设备和有效载荷的框架，它好比一栋房屋的结构框架，使得月球探测器成为一个整体。结构分系统的主要任务有两个：一是为仪器设备的安装提供合适的空间与接口，创建良好的环境条件；二是在火箭发射、探测器在轨飞行及月面着陆等环节，承受和传递各种作用力，保持探测器完好，满足仪器设备的支撑强度和安装精度要求。

探测器的结构有多种形式可选，比如中心承力筒式、箱板式、桁架式等，到底选择哪种形式，要综合考虑多种因素，包括任务要求和飞行过程、携带设备情况、推进剂容量等。如嫦娥一号卫星、嫦娥二号卫星，体积和重量都较大，所以采用中心承力筒式结构；鹊桥中继卫星、"玉兔号"月球车因体积和重量较小，采用形式紧凑的箱板式结构；嫦娥三号着陆器需要在月面软着陆，因此采用稳定性较好、较为扁平的桁架式结构。这些结构在制造时，一般使用高强度的铝合金、镁合金和碳纤维复合材料，这样不仅能满足承载要求，还能实现结构的轻量化，从而允许携带更多的有效载荷。

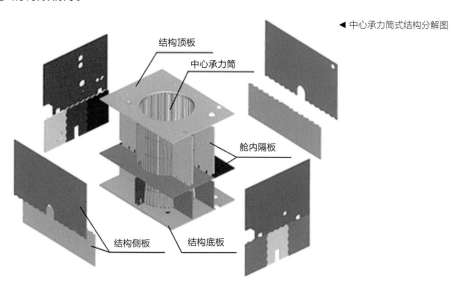

◀ 中心承力筒式结构分解图

结构顶板

中心承力筒

舱内隔板

结构侧板　结构底板

2. 机构分系统

机构是指能实现特定动作或功能的机械活动部件,其主要功能包括连接、释放（分离）、展开、指向控制等。机构的设计和研制,要根据具体的功能需求来进行,但一般会包括动力源和活动部件两部分。动力源可以是电机、弹簧,也可以是火工装置（内部装有火药）等,负责驱动活动部件,使之执行特定的动作。

月球探测器上的机构产品种类非常丰富,最常见的有太阳翼展开机构、天线展开跟踪机构、器间连接/分离机构等。除此之外,根据任务的不同需求,还会配置具有特定功能的机构产品,例如有缓冲功能的月面着陆机构、在月面行驶的移动装置、采集月球样品的机械臂等。

▲ 太阳翼展开状态图

3. 热控分系统

如果把月球探测器比作一座小房子,那么热控分系统就像它的保温系统和空调系统,将它所携带仪器设备的温度控制在规定范围之内。月球探测器在发射后一直处在真空环境中,外表温度环境变化巨大,受到阳光照射的正面温度约150℃,而没有受到阳光照射的背面温度则可能低至约-100℃。除此之外,月球探测器还要承受月球反射的太阳光和月球红外辐射的影响,月球每自转一圈的时间约为27.3天,因此在月面工作的探测器要经历连续约14天的月昼炙烤和连续约14天的月夜寒冻。这些极端的环境条件，给热控设计带来很大的挑战。

月球探测器一般采用被动热控和主动热控相结合的热控技术，既要控制飞行过程中吸收的热量，又要控制对外发射的热量，以此来统一调配探测器各个部位的热量分布，保证探测器的温度符合要求。被动热控是不耗电的——它的隔热、传热和散热功能，通过多层隔热材料、热控涂层、光学太阳反射镜片和传热导管实现。被动热控结构形式简单、可靠性高，但是无法满足复杂的应用环境。主动热控则需要消耗一定的电能——它利用传感器去测量设备的温度，温度低于指标要求就进行加热，高于指标要求就进行散热。主动热控的产品也有很多种，例如电加热器、流体回路，以及热控百叶窗等。主动热控虽然技术较为复杂，但由于具有良好的控温性能，得到了广泛应用。

知识小课堂： 热控多层隔热组件

　　航天器的表面常常包裹着金色或银色的热控多层隔热组件，看起来像是披着一件"金甲银袍"。热控多层隔热组件是名副其实的超级保暖衣，与厚厚的棉被相比，其保温效果毫不逊色。多层隔热组件的主要材料为具有低发射率的镀铝聚酯薄膜和起支撑、隔离作用的涤纶网，由很多层叠加制作而成，里面的热量经过反射膜的层层反射，很难渗出表面，从而形成了很高的热阻，整体等效发射率低于0.03，远低于普通材料0.8的红外发射率，能大幅降低向外辐射的热量。探测器外表的多层隔热组件表面一般为金色或银色的聚酰亚胺薄膜，可以将大部分的阳光反射回去，有效减少进入探测器内部的热量。

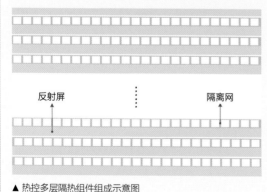

反射屏　　　　　　　隔离网

▲ 热控多层隔热组件组成示意图

▲ 热控多层隔热组件产品样件

4. 供配电分系统

供配电分系统，可以简单地理解为"电源"，负责给月球探测器上的仪器设备提供稳定可靠的电能。它通常会将太阳能或核能等转换为电能，并负责对电能进行存储、控制和电压变换，再通过电缆网把电能输送到各个用电设备，让整个探测器系统"能量满满"。供配电分系统主要包括供电单元、储能单元、配电单元及电缆网。

月球探测器主要利用太阳电池阵进行供电，其输出的功率从几十瓦到几千瓦不等，以满足不同的任务需求。太阳电池阵发出的电，一方面会直接供给各种仪器设备，另一方面还要为蓄电池组充电。蓄电池组是探测器的储能单元，有光照时存储电能，没有光照时向外供电。配电单元（也称电源控制器）主要负责对电源进行调配：无论是来自太阳电池阵的供电，还是来自蓄电池组的供电都会被它转换至合适的电压，再通过电缆网传送给用电设备。

▼ 供配电分系统组成及工作原理图

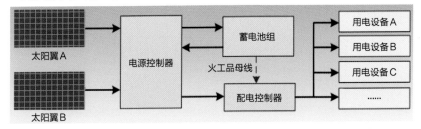

5. 数据管理分系统

数据管理分系统，相当于探测器的"大脑"和"神经网络"，负责探测器的信息管理和指挥控制：既要接收并执行地面测控站的各项指令，又要采集探测器上的信息并进行监控，还要存储有效载荷获得的探测数据，再将其传送给地面接收站（包括地面测控站和地面应用站）。这个分系统一般由中央处理单元、远置单元、遥控单元组成，各设备之间通过数据总线传输信息。

▼ 数据管理分系统的中央处理单元外形图

随着航天技术水平的不断提高，月球探测器的智能化程度越来越高，有些任务已经可以由探测器自主完成。同时相应设备的集成度也在不断

提高，数据管理分系统的功能已经可以整合到一至两台设备或几块电路板之内，实现软硬件资源的共享。这种系统集成的方法，大幅减少了设备的数量、重量和功耗，帮助探测器完成了"减重瘦身"。

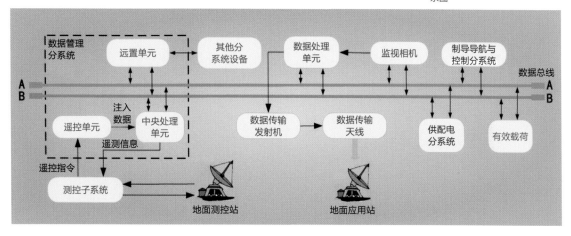

▼ 数据管理分系统组成及接口关系图

6. 测控数据传输分系统

就像天空中的风筝需要有一根线来控制一样，月球探测器发射入轨后也有一根"风筝线"，只不过它是无形的——那就是探测器和地面站之间的无线电信号。测控数据传输分系统的任务，就是建立这条信息传输通道，既能接收来自地面站的遥控指令和其他上行数据，又能向地面站发送遥测信息和科学探测数据，使地面科研人员及时了解探测器的在轨状态，并获取探测成果。

测控数据传输分系统通常包括两部分，即测控子系统和数据传输子系统。测控子系统主要包括测控应答机、功放合成单元、测控天线等设备，负责接收来自地面站的遥控指令等上行数据并进行转发，对传回地球的遥测信息等下行数据进行调制和功率放大，以提高信号的强度。数据传输子系统主要包括数据传输发射机、数据传输天线等设备，负责将科学探测得到的数据、图像和视频下传至地面站，因此它必须能实现大容量的数据传输。

这里有必要专门介绍一下天线。天线是一种电磁能量转换器，既可以将无线电信号从发信端发射出去，又可以从空间中接收无线电信号。

天线的形式多种多样，主要有全向测控天线、定向天线等，外形也有柱状、平面阵列、抛物面等多种形式。其中，全向测控天线可以接收来自不同方位的无线电信号，但信号强度较低，一般只用于低码速率的遥控和遥测；定向天线可以在特定的方向上提高信号强度以及数据传输能力。

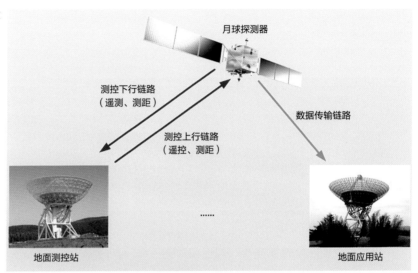

▶ 月球探测器与地面站测控数据传输链路示意图

7. 制导导航与控制分系统

在轨飞行期间，月球探测器要根据任务的需求，建立并保持特定的姿态。无论是使飞行方向与设计轨道保持一致，还是使有效载荷探测方向对准月球，或者是使数据传输天线准确指向地球，都离不开对应的飞行姿态控制。制导导航与控制（GNC）分系统的主要功能就是控制探测器的姿态和轨道，保证姿态精度满足要求。月球探测器有多种姿态控制方式，如自旋稳定、重力梯度稳定、三轴稳定等。三轴稳定是最常用的控制方式，它是指在飞行过程中，保持探测器各个面的法线相对月球指向不变，这样就可以使探测器的有效载荷稳定地执行任务。

制导导航与控制分系统由姿态敏感器、控制器、执行机构等组成，它们和探测器本身构成了一个闭环控制回路。其中，姿态敏感器负责测量探测器的姿态和运动状态；控制器负责制定姿态和轨道控制策略，向发动机和各种执行机构发送控制指令，保证探测器能够准确地控制姿态；

执行机构包括动量轮、控制力矩陀螺等，能快速、精确地实施探测器姿态调整和控制。

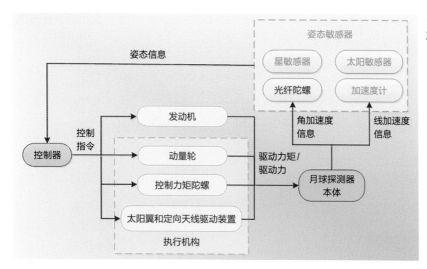

◄ 制导导航与控制分系统组成及工作原理图

8. 推进分系统

推进分系统是月球探测器上的动力系统，它会按照制导导航与控制分系统的指令，进行探测器的姿态和轨道控制。推进分系统通过把推进剂或气体高速喷射出去，以获得一定的反向推力，从而调整探测器的飞行速度和飞行姿态。这个分系统主要由轨控发动机、姿控发动机和推进剂贮箱等产品组成：轨控发动机负责飞行轨道的机动和调整，是探测器上最主要的动力装置，一般安装在探测器底部的中心位置，推力范围为几十牛顿到上万牛顿；姿控发动机负责探测器自身姿态的调整，一般安装在探测器的四周，根据控制指令提供所需的力矩，它的推力较小，推

◄ 推进分系统典型产品外形

（a）高压气瓶　　（b）7 500N发动机　（c）150N发动机　（d）大容量贮箱

力范围为几牛顿到百余牛顿；推进剂贮箱负责装载在轨所需的推进剂。

月球探测器的推进分系统可以分为两种。第一种是冷气推进系统，即通过释放高压气瓶内的压缩气体（例如氮气）来获得推力，它在早期的月球探测器中应用较多，但由于效率较低，目前已很少使用。第二种是化学推进系统，它通过燃烧推进剂产生高温、高压的气体，再通过喷管将其喷出以获得推力。化学推进系统又分为单组元、双组元两种类型：单组元推进系统只有一种推进剂，推进剂在接触催化剂后燃烧分解，形式较为简单，但推进比冲值较低；双组元推进系统的推进剂分为燃烧剂和氧化剂，二者相遇后燃烧分解，虽然此系统组成较为复杂，但可以提供更大的推力和更高的推进比冲，在月球探测任务中得到了广泛的应用。

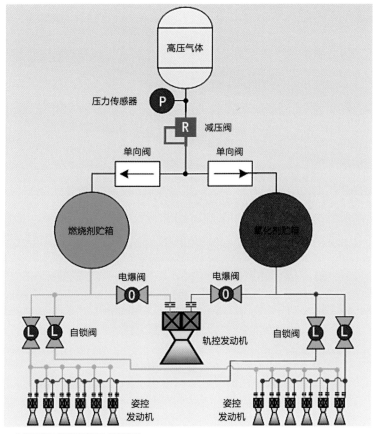

▲ 典型双组元推进系统组成原理图

2.2.2 有效载荷

月球探测器上执行具体探测任务的仪器设备统称为有效载荷，这些有效载荷为探测器赋予了"十八般武艺"，直接为科学家获取开展研究所需的数据。根据探测目标和探测形式的不同，有效载荷主要可以分为4类：形貌观测有效载荷、物质探测有效载荷、环境探测有效载荷，以及天文观测与科学实验有效载荷。

1. 形貌观测有效载荷

形貌观测有效载荷主要是光学相机和微波设备，一般用来获取月面的地形地貌等特征信息。对月球探测而言，光学图像的重要性不言而喻，绝大多数探测器都会携带光学相机，并且还会携带多部光学相机，以便进行不同分辨率、不同光学谱段的成像观测。

▲ 光学相机外形图

为了更好地了解月面的地形和高度信息，科学家还把激光高度计搬上了太空，进行月面高度的测量，将这些测量数据与光学图像进行融合处理，就可以建立月面的三维影像模型。

▲ 激光高度计外形图

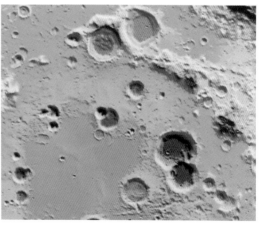

▲ 利用激光高度计测量得到的月面高程图

比起光波，微波具有更强的穿透性，可以提供月球表层乃至次表层的物质成分和层理构造信息。微波遥感探测可分为主动式和被动式两种：主动微波遥感探测是让微波散射计、高度计等有源遥感器发出电磁波，再利用接收到的反射信号进行探测；被动微波遥感探测是让微波辐射计等无源遥感器直接接收来自探测目标和周围环境的电磁热辐射。在月球探测任务中，这两种方式均有应用。

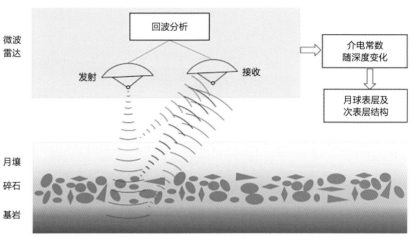

▲ 主动微波遥感探测原理图

2. 物质探测有效载荷

物质探测有效载荷主要用于获取月球物质组成、元素成分等地质信息。光谱仪是最常用的物质成分探测仪，它能将成分复杂的光分解为光谱线，从而通过分析得到物质中的各种元素成分。X射线能谱仪、γ射线能谱仪和中子谱仪也常被用来测量物质的结构成分、化学元素及其含量。

▲ X射线能谱仪（左）及其线路盒（右）外形图

3. 环境探测有效载荷

环境探测有效载荷主要用于获取月球的空间环境、表面环境等物理信息，具体包括磁强计、粒子辐射探测仪、月震仪、尘埃探测仪等。其中，磁强计是测量磁场的设备，可以测量磁场的强度和方向，还能用于探测月球附近的太阳风磁场等空间环境。粒子辐射探测仪分为宇宙射线望远镜、太阳高能粒子探测器、中性原子探测仪等类别，可以探测银河宇宙射线、太阳宇宙射线及太阳带电粒子等。月震仪可以记录月震发生的时间、强度和震源深度，监测月球内部的地质活动，对于未来建设月球科研站和月球基地具有重要的作用。尘埃探测仪用来收集月面悬浮的尘埃颗粒样本，有助于研究月球尘埃带电机理等科学问题，以便为航天员未来在月面上的活动与安全防护提供支持。

4. 天文观测与科学实验有效载荷

月球拥有独特的空间环境。科学家除了开展月球探测任务，还可以利用这种环境开展天文观测活动，并进行其他科学实验。

在月球上建设天文观测平台、开展天文观测活动，具有在地球上无法比拟的优势。其一，月球上没有大气，不存在大气吸收电磁波谱段的现象，能够更加方便地进行全波段的天文观测，解决了地球表面难以观测紫外波段、中红外波段的问题；其二，月球地质构造稳定，适合建立大规模的天线阵，是理想的天文观测设施建设平台，有望实现更佳的观测效果。

为了探索人类在月面生存的可能性，我们还会看到各种用于科学实验的有效载荷陆续登上月球。例如，为了研究植物能否在月面生存，我国科技工作者率先在月球上开展了植物培养实验，观察并记录植物的生长过程，研究它们在月球低重力环境下的生长机理等。

2.3. 月球探测卫星的研制

月球探测卫星（月球探测器）的研制是一项复杂的工程：不仅受到运载火箭、测控系统等多方面的约束和限制，还要因每次任务的不同目标而开展新方案的设计。科研人员在每次任务中都需要突破多项关键技术，形成最优的设计方案，直至最终完成月球探测器的研制，并确保其质量合格、功能达标。

月球探测器的研制过程大体分为3个阶段，即方案设计阶段、初样研制阶段、正样研制阶段。每个阶段都要完成不同的工作。

• 方案设计阶段，根据飞行任务目标，制定飞行方案，分析探测器的关键技术，然后完成关键技术的攻关和试验验证，进而形成探测器各个分系统和单机产品的设计方案。

• 初样研制阶段，研制"验证产品"，再通过总装、测试与试验，对设计方案和产品功能、性能进行充分的验证，并在此基础上完善和优化设计方案。

• 正样研制阶段，研制探测器最终的"飞行产品"，再经过总装、测试与试验，确认产品质量满足要求后，将探测器发射入轨。

2.3.1 千锤百炼锻金身

科研人员在完成月球探测器的设计后，将全面展开建造工作。首先要完成各单机产品的生产，并对其进行测试和试验，确认满足要求后，再开展探测器的总装，总装之后对整器进行测试与试验。为了确保探测器的功能和性能，单机产品和探测器的研制全过程都要实施严格的质量控制，测试和试验验证一项也不能少。只有在地面研制阶段尽可能发现设计缺陷和质量问题，才能最大限度地避免探测器在发射升空后出现故障。

　　月球探测器的建造包括很多步骤，主要有总装、电性能测试、电磁兼容试验、力学试验、热环境试验等。

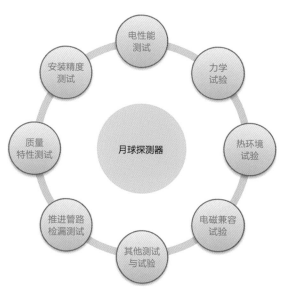

▲ 月球探测器研制过程中主要测试与试验项目

1. 探测器总装

　　在这个过程中，工程师会按照设计图纸，把月球探测器的一件件结构产品、一台台单机设备组装成一个整体。总装环节的主要工作项目包括：安装单机设备，铺设推进管路和电缆网，实施热控措

▼ 嫦娥一号卫星装配场景

施，完成舱段对接和安装结构板等。在此期间，科研人员会穿插进行若干专项检查工作，比如推进管路检漏测试、安装精度测试、整器质量特性测试等。检查合格后，探测器就被转入后续的测试与试验工作阶段。

▼ 测试人员对展开后的太阳翼进行检查

2. 电性能测试

电性能测试是指对探测器及其设备在加电后的性能进行测试。测试人员会利用各类测试设备，逐一测试供配电、数据管理、测控数据传输、控制和推进等分系统，检查机构运动部件的执行情况，并根据探测器的在轨飞行程序，实施全过程的模拟飞行测试。测试过程中，测试人员需要进行细致的操作和准确的数据判读，以确保探测器在轨期间能够顺利完成各项预定的任务。

3. 电磁兼容试验

月球探测器具有复杂的电子系统，随着电子系统的集成度越来越高，探测器上的电磁环境会更加复杂，相互之间干扰的可能性会大大增加，因此需要开展电磁兼容试验，由此来确认探测器上的设备是否能正常工作，且不受其他系统的干扰。电磁兼容试验需要在封闭的实验室内完成，实验室内部的墙体布满了吸波材料。这些吸波材料可以有效地吸收由天线发出的电磁波，以此来模拟太空中较为纯净的电磁环境，避免回波干扰探测器的正常运行。

▼ 嫦娥一号卫星电磁兼容试验场景

4. 力学试验

月球探测器所经历的力学环境条件，在搭乘火箭升空阶段和入轨之后是相当不同的。特别是在发射过程中，探测器将经历火箭发动机点火、助推器分离、整流罩分离、一二级分离、器箭分离等环节，振动、冲击和噪声等环境条件十分恶劣。为了确保探测器能够经受住这些考验，需要在地面研制过程中开展振动试验、噪声试验等力学试验，通过在振动台和噪声间模拟探测器在火箭发射过程中要经历的振动和噪声环境，从而验证探测器能否承受发射时恶劣环境的考验，防止探测器在正式发射时受损。

▼ 嫦娥一号卫星振动试验场景

5. 热环境试验

月球的辐照特性和反照特性，都与地球有较大的不同，这导致月球探测器的热控方案十分复杂。为了验证热控设计及其实施结果的正确性，月球探测器将在真空热试验容器中进行热环境试验。

真空热试验容器中装备有低温的"热沉系统"，可以有效地模拟探测器在轨运行时的太空冷背景环境。为了模拟探测器所处的太阳光照条件、月球红外辐照和反照等外部的热流条件，测试人员会在热环境试验之前，在探测器周围采取设置红外照射灯、外表面铺设电加热器、安装红外加热笼等模拟措施。在热环境试验中，科研人员会依据探测器在不同飞行阶段的外部热流条件，设置相应的试验工况，对热控方案的正确性和探测器上产品的高低温耐受能力进行充分的验证。

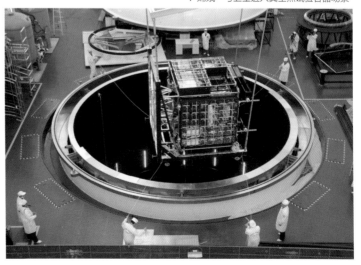

▼ 嫦娥一号卫星进入真空热试验容器场景

2.3.2　梳妆打扮待发射

　　月球探测器在完成全部的总装、测试和试验等研制工作后，将被送往发射场完成最后的发射准备。发射场离探测器的"出生地"路途遥远，所以一般会采用飞机进行运输。

　　进入发射场后，科研人员会在发射场的总装与测试厂房内完成月球探测器总装状态设置，并再次进行电性能测试和安装精度测试等工作。科研人员在确认产品状态良好之后，会完成推进剂的加注。

　　随后，探测器会与运载火箭支架对接，通过一个密闭的转运容器送往发射塔。在发射塔上，探测器将完成与运载火箭的对接，并进行联合测试，完成发射前的所有准备工作，等待发射时刻的到来！

▲ 嫦娥一号卫星在发射场完成总装与测试后的状态图

▲ 运载火箭与嫦娥一号卫星发射前的状态图

2.4. 月球探测飞行过程

月球探测的旅程既艰险又漫长，从地球到月球至少要包括发射入轨、地月转移、环月飞行3个阶段。如果要实现月面着陆和采样返回，还要包括着陆下降、月面工作、月面起飞上升、月地转移、再入返回等阶段。

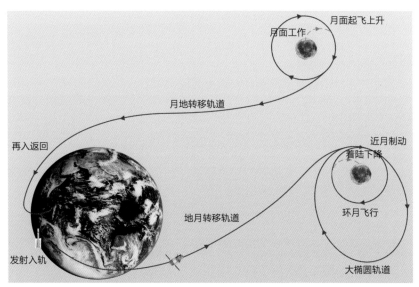

◀ 月球探测器典型飞行过程示意图

1. 发射入轨奔寰宇

在发射入轨阶段，月球探测器由运载火箭送入太空。火箭发射时，发动机的巨大推力会产生非常大的加速度，可达到地面重力加速度的4~6倍。探测器在承受较大加速度的同时，还要经受振动、冲击和噪声等恶劣条件的考验，需要具备良好的结构承载能力，保证探测器入轨后状态完好。

探测器在与运载火箭分离后，便独自开启了其"奔月征程"，它首先要建立与地面测控站之间的信息传输通道，并展开太阳翼，使其朝向太阳，这样就可以获得源源不断的电能供应，保证后续任务的顺利执行。

2. 地月转移路途远

为了能够飞抵月球，探测器在离开地球时，速度需要达到10.9km/s，才能进入"地月转移轨道"，也就是从地球前往月球的轨道。根据火箭发射能力的不同，有以下两种地月转移方式。

● 火箭直接将探测器送入地月转移轨道：地月转移轨道的远地点高度约为3.8×10^5km，探测器在接近月球后，即可进入月球的"引力圈"，被月球捕获并围绕月球飞行。这种转移方式对火箭的运载能力要求较高，但是可以大幅缩短地月转移时间，还可以减少探测器的推进剂消耗量。

● 探测器自行加速进入地月转移轨道：当火箭提供的速度不足以使探测器直接飞向月球时，探测器可以先在绕地球的轨道上飞行，然后自行加速，逐渐提升轨道的高度，最后奔向月球。这种方式需要探测器消耗较多的推进剂，转移时间也较长。

探测器在飞向月球的过程中，往往还需要进行几次轨道中途修正，以便消除发射时的入轨偏差和轨道控制的误差，使探测器更精确地抵达月球附近。

3. 近月制动急刹车

探测器在离开地球的束缚之后，随着离地球越来越远，受到的地球引力也逐渐减小，相对于地球的势能就会增加，飞行的速度也会越来越慢。但是，随着它离月球越来越近，受到的月球引力会不断增大，飞行速度又会逐渐变快，最快能达到2.4km/s。虽然这个速度跟飞离地球时的10.9km/s相差较远，但足以使它与月球擦肩而过，无法进入环月飞行轨道。因此，需要给探测器减速，主要方法就是启动探测器的发动机，进行反向制动，从而实现"太空刹车"。

为了保证探测器精确进入环月飞行轨道，近月制动一般分为几次来完成：第一次制动先使探测器进入一个环绕月球的大椭圆轨道，使其被月球的引力捕获；随后再进行几次制动，逐渐降低探测器的高度，最终使探测器进入目标轨道。

英国著名物理学家牛顿发现了万有引力定律，公式为$F=(G \times M_1 \times M_2)/R^2$。这条定律告诉我们：空间中两个有质量（$M_1$、$M_2$）的物体之间存在着相互的引力，引力的大小与两个物体的质量成正比，与它们距离的平方成反比，G是引力常数。万有引力定律可以证明开普勒定律、月球绕地球的运动、潮汐的成因等自然现象，因此成为天体力学的理论基础，对后来物理学和天文学的发展都有深远的影响。

根据这条定律，科学家陆续推导出第一宇宙速度、第二宇宙速度和第三宇宙速度——这3个速度分别指航天器实现环绕地球飞行、飞离地球和飞出太阳系所需要的最小速度，分别为7.9km/s、11.2km/s和16.7km/s。月球距离地球大约3.8×10^5km，去往月球的探测器在飞离地球时速度要大于第一宇宙速度，且较为接近第二宇宙速度。

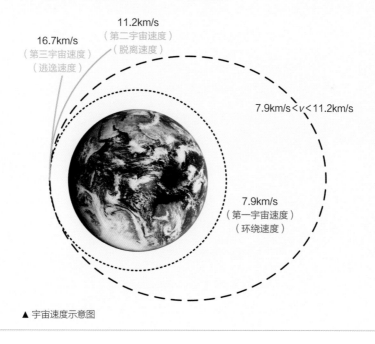

▲ 宇宙速度示意图

4. 环绕飞行观月球

环绕飞行是对月球最主要的探测方式。月球没有大气，因此提供了一个有利的条件：探测器不会受到大气层的影响，因而可以实施近距离的环绕飞行——离得近，"看"得也更清楚。但飞行的高度也不能太低，否则探测器受月面热辐射的影响会太强，从而增加探测器的研制难度。

根据任务需求，探测器可以选择不同类型的飞行轨道：倾角为90°的"极月轨道"，有利于对整个月面进行观测；近月点高度为50km左右的椭圆轨道，有利于对特定的重点区域进行详细勘察；重力场测量、空间环境测量等探测任务，则可根据需要选择其他的轨道。

5. 减速缓冲保着陆

着陆探测是一种更为直接的探测方式。探测器要降落在月面，首先需要降低飞行速度，然后选择合适的着陆点，缓慢下降到月面，不然就变成了"硬着陆"。为了降低着陆时的冲击力，探测器着陆时的速度一般要限制在每秒几米之内，此外还可以通过"着陆腿"之类的缓冲机构，把冲击的能量吸收掉。当然，为了保证着陆过程的安全性和精确度，探测器一般会先进入环月轨道，在完成自身状态检查后再进行着陆。

6. 月面探测获新知

探测器降落在月面后，会按照预定的计划开展科学探测。月面的探测方式可以分为两大类：原位探测和巡视探测。原位探测是指探测器利用自身携带的仪器设备，在着陆点附近获取科学数据，具体内容包括月面地形地貌、地质构造、月壤成分，以及空间环境信息等，有的探测器还携带机械臂和钻探设备，可以研究月面下或月岩中稍深一点的地方。巡视探测是指探测器在月面进行移动探测，探测范围更大，可以获取多个区域的数据。未来在月球上还将会出现飞行探测等新型探测方式。

7. 起飞上升回月轨

探测器完成月面探测任务后，若要返回绕月球飞行的轨道，甚至返回地球，就要先从月面起飞。与在地球上起飞相比，在月球上起飞不会受到大气和风的影响，这对探测器的起飞相对有利；但由于月面地形具有不确定性，初始的起飞条件会有较多的变数，需要探测器具备一定的适应能力。起飞上升时，探测器需要利用大推力发动机来提供动力，尽管月球的重力加速度仅为地球的1/6，但为了让探测器进入环月轨道，仍然需要很强的推进能力。

8. 月地转移踏归程

若要使探测器返回地球，就需要它在绕月飞行时，找准特定的时机（也称"窗口"）启动发动机，进入飞向地球的转移轨道（月地转移轨道）。这个阶段是一个与地月转移相反的过程，一般需要3~5天的时间，而且需要根据情况来进行轨道中途修正，以保证探测器能够准确地再入地球大气层，并安全地返回预定的地面着陆点。

9. 再入地球平安回

在飞向地球的过程中，探测器在地球引力的作用下速度逐渐变快，再入地球大气层时将达到10.6km/s。此时，探测器会遭遇十分剧烈的气流冲刷，从而产生大量的热流，外部结构将受到严重的烧蚀。如果不采取防护措施，探测器就会被完全烧毁。在任务中一般只回收载人或者装有重要物品的舱段，这部分舱段被称为返回器（再入舱）。返回器的外部套装了防热结构，可以承受再入地球大气层时巨大的气动热环境。返回器在接近地面时通常还会进一步借助降落伞来降低着陆速度，以确保返回器的安全回收。

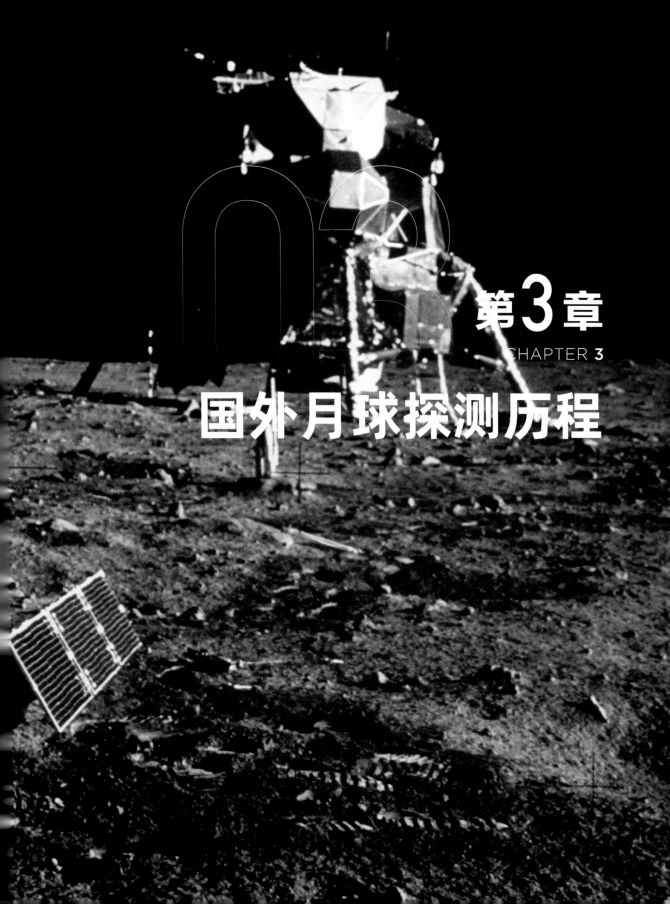

第3章

CHAPTER 3

国外月球探测历程

迄今为止，人类已掀起两轮探月热潮。第一轮探月热潮从20世纪50年代末到70年代中期，美国和苏联作为两个超级大国是太空竞赛的主角，苏联率先完成了月球着陆，美国率先完成了载人登月，苏联随后又实现了无人月球采样返回，分别取得了丰硕的科学探测成果。在这一系列壮举之后，探月活动经历了一段时间的沉寂。直至20世纪90年代，第二轮探月热潮开始上演，至今仍在继续。

▶ 阿波罗8号从月球拍摄到的地球
（图片来源：NASA）

3.1. 美国月球探测历程

3.1.1 早期无人月球探测

美国的月球探测活动开始于1958年。在其后的10年间，美国实施了4项无人月球探测计划，分别为"先驱者""徘徊者""勘测者"和"月球轨道器"。这一系列探测任务的总发射次数达到了26次，虽然当时技术尚未成熟，失败率也非常高，但仍取得了巨大的成就。

在这个阶段中，美国对月球探测的轨道与姿态控制、测控通信、月面软着陆、月面起飞等关键技术进行了有效的验证，实现了飞越探测、月面撞击、环绕探测、月面软着陆，对月球进行了全面、详细的观测，获取了许多珍贵数据，包括月球地形地貌图像、着陆区月壤成分与特性、月球引力场、月球及地月空间环境条件等，还精确测量了月球和地球之间的距离，为后续的阿波罗载人登月计划选择合适的着陆地点提供了有力支撑。

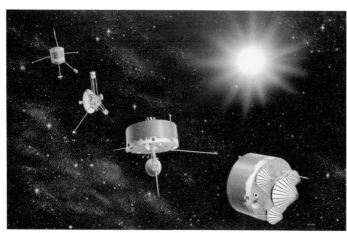

▲ 先驱者系列探测器示意图（图片来源：NASA）

▲ 徘徊者探测器示意图（图片来源：NASA）

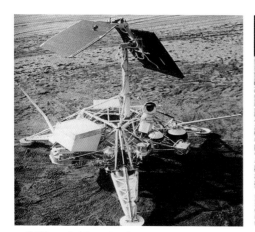

▲ 勘测者1号探测器示意图（图片来源：NASA）

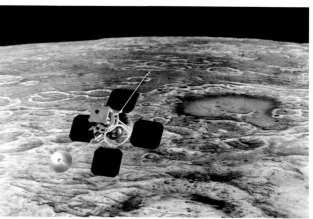

▲ 月球轨道器示意图（图片来源：NASA）

3.1.2 阿波罗载人登月

美国在无人探测的基础上，实施了阿波罗载人登月计划。该计划于1961年5月正式启动，至1972年12月结束，共实施了14次飞行探测任务，其中包括6次载人登月任务，成功将12名航天员送上月球，并带回了381kg月壤和岩石，取得了举世瞩目的科技成果，为认识和研究月球的结构与演化提供了极为重要的数据。

1. 阿波罗载人飞船系统

首次载人登月的阿波罗11号飞船可以作为了解阿波罗载人飞船系统的代表。它主要由3个部分组成，即指令舱、服务舱和登月舱，其中登月舱又分为下降级和上升级两部分。

指令舱是阿波罗飞船的控制中心，也是航天员在飞行途中工作和生活的舱段。其外形呈圆锥形，内部分为前舱、航天员舱、后舱。它也是阿波罗飞船的3个组成部分中唯一能够返回地球的部分。由于在返回时会与地球大气层高速摩擦，指令舱的外部结构采用了耐烧蚀型的防热材料，以承受巨大的气动热烧蚀。它在降落到离地面3km左右时打开降落伞，最终溅落在海面上，由附近的舰船负责打捞回收。

服务舱在指令舱再入地球大气层前，与指令舱以组合体的形式飞行，主要任务是在飞行期间供应能源、推进剂和氧气，并负责生命保障、轨道机动与调整等功能。服务舱采用圆柱形结构，其前端与指令舱的后端结构相连，会在指令舱返回地球大气层之前与之分离；其后端装有一台主发动机和姿控推力器，使得飞船在轨期间能够实现快速的机动飞行，近月制动、地月转移和月地转移都离不开它们。

登月舱的主要任务是将航天员从环月飞行轨道送到月面，待航天员完成科学探测和实验活动后，再送他们回到环月飞行轨道，并与指令舱重新对接。为了满足这些任务的要求，登月舱的下降级配置了着陆主发动机、姿控发动机、4条着陆腿装置，以及4个仪器舱。下降级的作用是为航天员顺利登月提供保障，落月后不再起飞。上升级则位于登月舱上部，由航天员座舱、通信系统、上升级主发动机、仪器舱等组成，其中航天员座舱可容纳两人，并配有多种仪器设备，分别用于制导导航与控制、测控通信、生命保障和能源供给等。

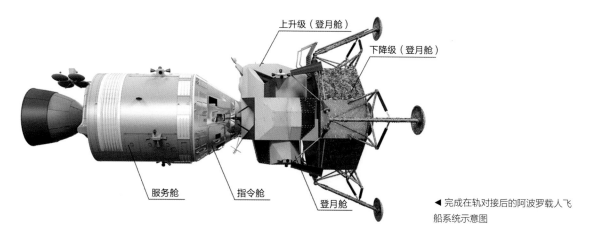

上升级（登月舱）

下降级（登月舱）

服务舱

指令舱

登月舱

◀ 完成在轨对接后的阿波罗载人飞船系统示意图

按照设计方案，阿波罗载人登月任务实施过程如下。

首先土星5号运载火箭将飞船送入地球停泊轨道，指令舱/服务舱组合体位于登月舱的上方，它们分别通过支架与火箭第三级箭体相连接，在停泊轨道上完成状态检查后，火箭第三级点火加速，将飞船送入地月转移轨道并与其分离，指令舱/服务舱组合体在旋转180°调头后与登月舱对接，形成完整的载人飞船系统，并沿地月转移轨道继续飞行。

当飞船飞抵月球附近时，服务舱的主发动机会通过点火给飞船减速，使得飞船进入环月飞行轨道。随后航天员进行登月前的状态检查和测试，之后，两名航天员将会进入登月舱，准备执行登月任务，另外一名航天员留在指令舱内，负责登月舱和地球之间的通信联络。

在执行登月任务时，两名航天员的座舱设置在登月舱上升级内，航天员可以通过窗口观察外面的情况，依靠雷达测量登月舱与月面之间的距离，并调整发动机的推力，逐渐进行减速，最后操纵登月舱实现软着陆。待月面探测任务完成后，下降级被留在月面，航天员随上升级返回环月飞行轨道，并与指令舱和服务舱进行交会对接。对接后，两名航天员会转移至指令舱，上升级在与指令舱分离后会落回月面撞毁，指令舱/服务舱组合体择机进入月地转移轨道。在距离地球一定高度时，服务舱与指令舱分离，3名航天员搭乘指令舱再入地球大气层，指令舱在大气层中经过一段时间的飞行后，会抵达海上预定的回收区，由地面回收人员搜索并回收。

▼阿波罗11号飞船登月舱（a）与指令舱（b）在轨互拍图（图片来源：NASA）

（a）登月舱

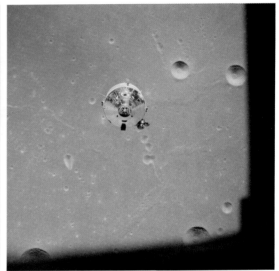

（b）指令舱

2. 阿波罗计划实施过程

阿波罗计划的1号飞船至3号飞船，主要任务都是进行地面的测试与演练，没有真正发射。其中，阿波罗1号飞船在测试过程中还发生了惨烈的事故：电路打火意外引发了火灾，导致正在舱内训练的3名航天员遇难。在这个阶段过后，阿波罗4号飞船、5号飞船和6号飞船先后成功发射，验证了土星5号运载火箭的发射过程、阿波罗飞船登月舱的无人飞行过程，以及飞船指令舱的防热结构性能等。

随后的阿波罗7号飞船至10号飞船都实现了载人飞行，且均取得成功。阿波罗7号飞船进行了该计划中的第一次载人飞行，3名航天员搭乘飞船在环绕地球的轨道上飞行了11天，测试了飞船的性能，此次发射没有携带登月舱。实现人类第一次载人环月飞行的是阿波罗8号飞船，航天员在绕月飞行 10 圈后安全返回。登月舱的首次载人飞行则出现在阿波罗 9 号飞船任务中，航天员完成了多项关键动作的演练，包括进出指令舱和登月舱、太空行走等，以及对地球进行观测。阿波罗 10 号飞船则实现了指令舱和登月舱的对接，虽然航天员最终没有登月，但已经与月面"近在咫尺"，最近时距离仅为 15.4km。

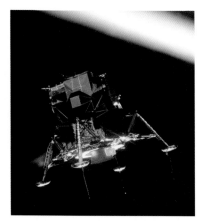

▲ 与登月舱对接的阿波罗 9 号飞船指令舱和服务舱（图片来源：NASA）　　▲ 与阿波罗 11 号飞船指令舱分离后的登月舱（图片来源：NASA）

　　在阿波罗计划中最有名的还是阿波罗 11 号飞船，这是人类首次实现载人登月。飞船于 1969 年 7 月 16 日发射，3 天后进入环月轨道。7 月 20 日，两名航天员驾驶登月舱在静海地区着陆。7 月 21 日，飞船指令长尼尔·奥尔登·阿姆斯特朗走出舱外，留下了人类在月面上的第一个脚印，以及那句广为人知的历史名句：这是个人的一小步，人类的一大步（That's one small step for a man, one giant leap for mankind）。随后，另一名航天员巴兹·奥尔德林也踏上了月面，两人在月面共停留约 2.5h，除开展探测活动外，还采集了约 22kg 月壤和月岩样本，随后乘坐上升级返回环月轨道。他们在与指令舱/服务舱组合体交会对接后，返回指令舱中，随后飞船进入月地转移轨道，于 7 月 24 日在地球安全着陆，人类首次载人登月任务圆满成功。

　　在取得这次历史性的成功之后，美国又开展了 6 次载人探月任务。

　　阿波罗 12 号飞船、13 号飞船和 14 号飞船分别于 1969 年 11 月、

1970年4月和1971年1月发射。其中，阿波罗12号飞船和阿波罗14号飞船成功地登上了月球，航天员分别采集到约34kg和约45kg月壤和月岩样本，并在月球上放置了一套阿波罗月面实验装置，用来探测月震、磁场、太阳风粒子和月面上的气体，这套装置能将探测数据直接发回地球。而阿波罗13号飞船由于在地月转移阶段出现故障，未能实现登月，航天员在经历重重危机之后，最终有惊无险地返回地球，这次任务因此被称为航天史上"最辉煌的失败"。

▲ 美国航天员阿姆斯特朗在月面留下的第一个脚印（图片来源：NASA）

▲ 阿波罗11号飞船航天员在月面行走（图片来源：NASA）

▲ 阿波罗11号飞船航天员在月面放置激光反射器（图片来源：NASA）

▲ 阿波罗11号飞船指令舱返回至太平洋海面（图片来源：NASA）

阿波罗15号飞船、16号飞船和17号飞船分别于1971年7月、1972年4月和1972年12月发射。在这个阶段，月球车驶上了月面，显著地扩展了航天员的探测范围。月球车由登月舱携带，质量约为210kg，采用蓄电池组提供动力，行驶速度可达12km/h。航天员在月面上驻留的时间超过了3天，开展了更多的科学探测活动，包括月面光谱分析、太阳风测量、月地距离测量、月面引力测量等，同时带回了更多的月球样品，取得了丰富的科学探测成果。

◀ 阿波罗15号飞船的月球车
（图片来源：NASA）

◀ 阿波罗16号飞船航天员驾驶月球车作业的场景（图片来源：NASA）

　　1973年之后，美国终止了阿波罗载人登月计划，一个辉煌的月球探测热潮期逐渐落下帷幕。时至今日，再无人类登上月球。

3.1.3 新一轮月球探测

在经过约20年的沉寂后，美国于20世纪90年代开启了新一轮月球探测活动，并陆续于1994年至2013年实施了6次无人月球探测任务——克莱门汀探测器、月球勘探者探测器、月球勘测轨道飞行器、月球陨坑观测与遥感卫星、重力重建与内部构造实验室、月球大气与尘埃环境探测器。

• 克莱门汀探测器：于1994年1月发射，任务目的是在轨验证轻小型化传感器技术，并观测月球和近地小行星，绘制全月面地图。

• 月球勘探者探测器：于1998年1月发射，任务目的是研究月面物质组成、南北极可能的水冰沉积、月球磁场与重力场，绘制月球成分和引力场分布图，进一步了解月球的形成和演化。

• 月球勘测轨道飞行器：于2009年6月发射，任务目的是开展月面高分辨率测绘，对月球两极开展精细探测，绘制月球永久阴影区的地形，寻找月面适宜载人登月的地点。

• 月球陨坑观测与遥感卫星：于2009年6月与月球勘测轨道飞行器一同发射入轨，任务目的是通过观察飞行器撞击月球南极永久阴影区的过程，研究月球南极是否有水冰存在。

• 重力重建与内部构造实验室：于2011年9月发射，由"埃布"号和"弗洛"号两颗极轨环月卫星组成，任务目的是对月球重力场分布进行高精度的测绘。

• 月球大气与尘埃环境探测器：于2013年9月发射，任务目的是探测月球大气层（极其稀薄）的散逸层和月球附近粉尘环境的原始信息。

这一批探测任务获取的研究成果涉及月面物质成分及其分布情况、高分辨率全月面地形图像、高精度月球重力场分布、月球大气及尘埃环境等各个方面。此外，科学家根据这些探测数据还得出一个重要的推论：月面可能存在细小晶体形式的固态水，而且分布面积较大。这些任务的实施，为科学家深入认识月球的构造和演化提供了重要的支持。更引人关注的是，这些任务进一步搜寻了月面适宜载人着陆的地点，为再次实施载人登月，乃至未来实施载人登陆火星探测提供了技术储备。在航天技术方面，这些任务开展了大量新技术应用验证，测试了一系列轻量化器件和产品。

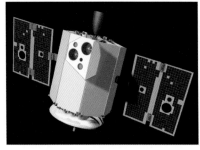

▲ 克莱门汀探测器（图片来源：NASA）

▲ 月球勘探者探测器（图片来源：NASA）

▲ 月球勘测轨道飞行器（图片来源：NASA）

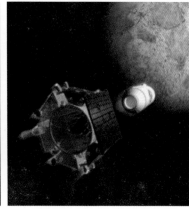

▲ 月球陨坑观测与遥感卫星（图片来源：NASA）

▲ 重力重建与内部构造实验室（图片来源：NASA）

▲ 月球大气与尘埃环境探测器（图片来源：NASA）

3.2. 苏联/俄罗斯月球探测历程

　　苏联先后发射了60多颗无人月球探测器，同样获得了巨大的成就，而且取得了多项世界第一。比如：苏联是首个实现环绕月球探测和月球着陆探测的国家，世界上第一辆月球车也是苏联的"月球车1号"。此外，苏联还实现了3次无人月球采样返回，带回301g的月球样品。

　　苏联的无人月球探测任务主要分为两个系列：月球号系列任务和探测器号系列任务。

3.2.1　月球号系列任务

　　月球号系列任务从1959年1月延续至1976年8月，共发射了24颗月球探测器，其中17颗探测器成功完成任务，包括7次环月探测、4次月面软着陆探测和3次无人月球采样返回。除载人登月外，这些任务包含了几乎所有类型的月球探测活动。

　　月球1号探测器实现了对月球的飞越探测。月球2号探测器成为世界上首个到达月面的人造航天器。月球3号探测器同样意义非凡，它在飞越月球的同时，向地球发回了29幅图像，这是人类第一次获得了月球背面的图像。这几次任务有效验证了苏联的运载火箭发射、地月轨道转移设计和月球轨道控制等技术，其探测器还测量得到了月球磁场、宇宙射线等数据。

　　月球9号是世界上第一颗成功在月面软着陆的探测器，对月面进行了成像观测和科学探测，还获得了月面的近距离全景照片。同样实现软着陆的月球13号则测量了月壤的力学特性，并获得了其着陆区附近的全景图像。

　　月球10号、11号、12号、14号、15号、19号和22号任务成功实现了月球环绕探测，拍摄了大量清晰的月面地形地貌图像，对月面进行了精细探测与全球成像，有效支持了后续的月面巡视和采样返回任务实施。

成功完成采样返回任务的是月球16号、20号、24号探测器，它们分别利用钻取采样装置获取了101g、30g和170g月球样品，并将其安全带回地球，为精确分析月壤成分提供了重要条件。

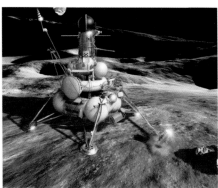

▲ 月球9号探测器着陆舱示意图　　　▲ 月球20号探测器示意图

月球17号和月球21号探测器则分别将月球车1号和月球车2号送上了月球，在着陆点附近开展了大范围月面巡视探测。这两辆月球车分别在月面行走了10.5km和37km，获得了大量科学探测成果。

◀ 月球车1号示意图

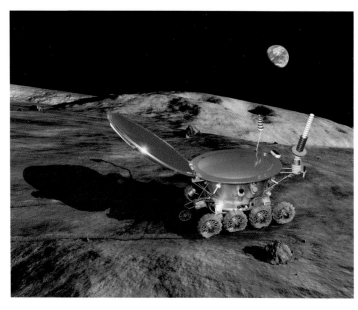

3.2.2　探测器号系列任务

探测器号系列任务是苏联的第二个月球和深空探测计划，于1964年4月至1970年10月间实施，共包括8次任务。其中探测器1号和2号任务分别开展了对金星和火星的探测，从探测器3号开始，其任务目标转向了月球，计划为载人登月进行技术储备。探测器3号和4号任务分别实现了对月球的飞越探测和环绕探测，并向地球发回了高清晰度的图片。探测器5号则是世界上第一颗重返地球大气层并被成功回收的月球探测器，它还携带了动物、植物种子等生物载荷，以便测试地月空间和近月空间的辐射环境等条件是否会危害人体。

探测器6号、7号、8号三次任务都是为载人登月进行技术验证，均成功返回了地球。其中，探测器6号使苏联成功掌握了月地高速跳跃式再入返回技术，为载人探月任务中航天员从月球安全返回奠定了技术基础。探测器7号则首次传回了彩色的图片，它还装备了地球软着陆制动发动机，有效减缓了返回舱在着陆地球时承受的冲击。探测器8号拍摄了近200张高质量的地球和月球图片。

▶ 探测器6号示意图

探测器号系列任务的实施，标志着苏联已经基本掌握了载人登月的相关技术。由于种种原因，苏联中止了载人登月计划，把航天工程的重点转向了地球轨道空间站建设。目前俄罗斯正在开展下一次月球探测任务的准备工作。

3.3. 其他国家/地区月球探测历程

3.3.1 日本

日本于20世纪80年代开始实施月球探测任务，先后成功发射了飞天号、月亮女神号探测器，这两次任务进一步推动了日本航天技术的发展。

1. 飞天号探测器

1990年1月24日，日本成功发射飞天号探测器，由此成为世界上第3个成功发射月球探测器的国家。这颗探测器的目标是验证深空导航、高速数据传输、月球借力飞行及环月飞行控制等关键技术，同时它也开展了一些空间科学研究。

飞天号探测器的主体是直径为1.4m的圆柱形结构，顶部携带一颗"子卫星"，用于在月球轨道上进行中继通信。探测器发射后，首先进入了一条环绕地球的大椭圆轨道飞行，在进入环月飞行轨道之前，先后完成了近10次月球借力飞行和2次地球大气制动试验，并执行了空间微流星体和尘埃粒子探测等任务。探测器于1992年2月15日进入环月轨道，在完成全部探测任务使命后以撞向月球的方式结束了旅程。

▲ 飞天号探测器示意图

2. 月亮女神号探测器

月亮女神号探测器于2007年9月14日发射升空，任务目标一是观测月面的地形地貌，以便研究月球的形成和演化过程；二是探测月球的空间环境，并在月球轨道上观测外太空。

探测器共包括3部分：主探测器、中继子卫星和甚长基线干涉测量子卫星。主探测器飞行进入距离月面100km×100km的圆形轨道，它安装了15台有效载荷，包括X射线谱仪、多光谱成像仪、地形测绘相机等。2颗子卫星在主探测器进入月球轨道后被释放出去，相互配合开展工作：一颗负责保障探测器与地面的通信，另一颗用于测量月球的重力场。月亮女神号探测器在轨期间获得了大量高价值的数据，最终于2009年6月11日完成任务并按计划撞向月球自毁。在撞月前的最后时刻，月亮女神号探测器近距离拍摄了月球地形图像并发送回地球，作为最后"告别"时的礼物。

▶ 月亮女神号探测器示意图

3.3.2 欧洲

欧洲航天局于20世纪90年代启动了针对月球的探测和研究工作，其首颗探月卫星于2003年9月27日成功发射，即智慧1号。智慧1号是人类发射的所有小型月球探测器中，第一个采用离子推力器作为主要推进系统的探测器。在携带等量推进剂的前提下，这种推力器的推进能力达到了传统化学推进系统的3倍以上。

智慧1号探测器升空后，它的离子推进系统利用太阳的能量，逐渐提升轨道的高度。经过14个月的飞行，探测器于2004年11月成功进入环月轨道，随后对月面开展了遥感成像探测，研究了月球的化学成分及矿物质分布，以及月球上水冰存在的证据等科学问题，帮助科学家更好地认识了地月系统及类地行星。探测器于2006年9月3日完成使命，随即在地面人员的控制下实现了撞月处置。

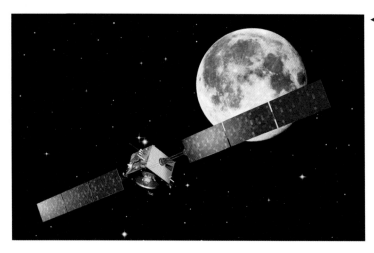

◀ 智慧1号探测器示意图

3.3.3 印度

印度的月球探测活动始于21世纪，共发射了月船1号和月船2号两颗月球探测器。

1. 月船1号探测器

2008年10月22日，印度成功发射月船1号探测器，从而成为继日本和中国后第3个掌握探月技术的亚洲国家。

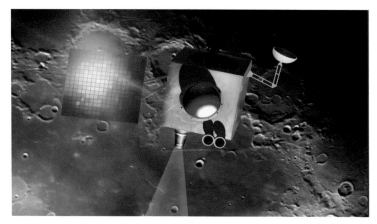

◀ 月船1号探测器示意图

月船1号探测器携带多台探测仪器，其中包括1台"月球撞击探测器"。月船1号在轨期间，对月球的地形进行了高分辨率三维成像，高精度地测量了月面的各种矿物质分布情况。印度科学家通过研究其探测到的数据，宣布发现了月球上存在固态水的证据，这被认为是月船1号探测器最重要的发现之一。月船1号探测器在轨期间发生了多次故障，于2009年8月与地面失去联系，任务终止。这次任务为印度后续的月面软着陆任务选择合适的着陆点提供了数据支持。

2. 月船2号探测器

月船2号探测器于2019年7月22日成功发射，它包括一个轨道器和一个着陆器，其中着陆器上还携带一辆月球车。这次任务最主要的目标就是在月球的南极区域实现软着陆，并由月球车开展巡视探测，收集关于固态水、月岩和月壤等相关数据。8月20日，月船2号探测器顺利进入环月飞行轨道，轨道器与着陆器按计划成功实现了分离。但在9月7日的着陆过程中，着陆器发生了意外，它在距离月面仅2 100m时，与地面控制中心失去联系。后经确认，着陆器坠毁在月面，印度的首次月面软着陆任务以失败告终。

▶ 月船2号探测器示意图

虽然月船2号探测器没有实现预期的目标，但印度的航天系统从此次失败中总结了经验教训，并启动了月船3号探测器的研制工作——这颗探测器仍将以在月面着陆、巡视勘探作为主要目标。

3.3.4 以色列

以色列的探月活动开展相对较晚，但很有特点。2019年2月21日，创世纪号月球探测器作为该国的第一颗月球探测器发射入轨，其直径约为2m，高度约为1.5m，质量约为585kg，是世界上最小的登月探测器。创世纪号月球探测器配备了光学相机、月球磁场探测仪等设备，并载有一张名为"时间胶囊"的金属光盘——此光盘采用显微镜蚀刻技术制成，刻满了数字化的文件，内容包括儿童画作、以色列歌曲等。4月4日，创世纪号月球探测器成功进入环月飞行轨道。

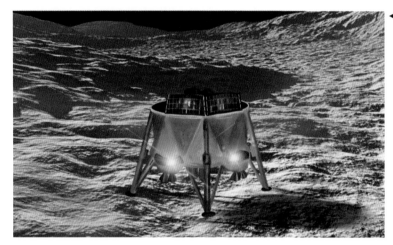

◀ 创世纪号月球探测器示意图

创世纪号月球探测器在2019年4月11日的着陆过程中，由于计算机系统发生故障，导致主发动机在登月的关键时刻突然熄火，探测器与地面失去联系，最终坠毁在月球表面。2020年12月9日，以色列宣布启动创世纪2号登月计划，并计划在4年内发射第二颗月球探测器。

第4章

CHAPTER 4

中国月球探测之路

4.1. 探月工程三部曲："绕、落、回"

自20世纪90年代起，我国航天工业部门、科研院所结合当时专业技术的发展情况，启动了月球探测相关预研工作。这些初期的努力，为后来正式实施探月工程奠定了坚实的基础。

2001年是中国探月史上一个重要的年份。从这一年开始，中国探月工程正式进入论证阶段，经过两年多的努力，我国明确了首次月球探测任务的目标，提出了立足于当时国情的方案——绕月探测。2004年1月23日，我国首次月球探测任务获批立项，嫦娥一号卫星研制工作正式启动。2006年2月，载人航天与探月工程又被国家确定为16项中长期科技发展重大专项工程之一。

我国的探月工程从立项之初，就将目光聚焦于开展长期的、系统性的月球探测活动。从2004年开始，我国秉承循序渐进、分步实施、不断跨越的原则，组织开展了探月工程二期、三期的论证工作，中国探月工程的技术路线图逐渐清晰。

从宏观角度看，我国的探月工程可以分为3大阶段——"探、登、驻"，即无人月球探测、载人月球探测和长期驻留月球。其中，无人月球探测又被概括为3个相对较小的步骤——"绕、落、回"，即绕月探测、月面软着陆与巡视勘察、月球取样返回。在无人月球探测阶段，"绕、落、回"的三步走发展规划已经在2020年前完成，该计划兼顾了我国的科学技术实力和社会经济发展水平，符合我国的综合国力状况，其中的每一次探测任务既能实现较大的创新，又能够为后续任务奠定良好的技术基础。中国特色的探月工程技术路线，体现出有序衔接、不断创新、持续发展的特点。

1. 一期工程——"绕"

"绕"是指在2004—2008年，实现对月球的环绕飞行探测，开展全球性、综合性的遥感探测，研究月球上的能源与资源的分布规律，并详细探测月球的表面环境、地形地貌、地质构造、岩石与土壤的成分与特性等。

2. 二期工程——"落"

"落"是指在2008—2014年，实现月面软着陆、月面原位探测和月面巡视勘察，不仅能够以更直接的方式继续深入探测和研究月球地形地貌、地质构造、土壤和岩石等，还可以借助软着陆平台，开展基于月球的天文观测、地月空间环境观测活动。

3. 三期工程——"回"

"回"是指在2011—2020年，实现月面无人采样并将样品安全送回地球，全面提升探月技术水平。由科学家在地球上对月壤样品进行系统性的细致研究，能够更加深化人类对地月系统（尤其是对月球）的起源与演化的认知，提升科学理论研究和航天技术水平。

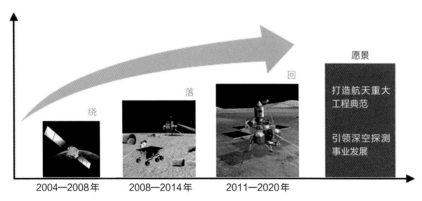

◀ "绕、落、回"三步走发展规划

在这一宏伟蓝图的指引下，我国的月球探测工程稳步实施。截至2020年12月，我国已经圆满完成了6次月球探测任务：嫦娥一号、嫦娥二号、嫦娥三号、嫦娥四号、月地高速再入返回飞行试验（嫦娥五号再入返回飞行试验）和嫦娥五号，实现了"六战六捷"，取得了丰硕的科技成果，完成了各项任务目标，显著提高了我国在深空探测领域的国际地位。

4.2. 嫦娥一号卫星：首战告捷建丰碑

主要任务节点：
发射入轨时间：2007年10月24日
进入地月转移轨道时间：2007年10月31日
进入任务轨道时间：2007年11月7日
任务结束时间：2009年3月1日

▲ 嫦娥一号卫星在轨飞行状态示意图

　　嫦娥一号任务正式启动于2004年1月23日，拉开了我国开展深空探测的帷幕，标志着我国航天开始迈向更遥远的太空。嫦娥一号卫星的研制与飞行，肩负着沉甸甸的历史使命，承载着中华民族数千年的奔月梦想。

　　考虑到这是我国的第一次月球探测任务，嫦娥一号在设置目标时，以稳妥可靠作为首要原则：在工程上，重点关注深空探测基础技术的突破，初步构建我国的探月工程系统，为后续工程的实施积累经验；在科学上，以开展月球科学研究、勘探月面资源为主，获取月面的三维立体影像，进行月壤厚度和特性的探测，分析月面各种元素含量和物质分布特点，并考察地球和月球之间的空间环境。

4.2.1 卫星方案

　　嫦娥一号卫星是"嫦娥家族"中的"大姐"，从立项到发射只有3年多的时间，这使得"她"的研制历程非比寻常。为降低风险、确保成功，嫦娥一号卫星的研制遵循了"快、好、省"的原则，选用了国产东方红三号卫星平台作为基础——这种卫星平台具有推进能力强、自主水平高等优点。科研人员结合此次月球探测任务的需要，在许多方面开展了创新和攻关工作。

　　嫦娥一号卫星总质量约为2 350kg，其本体采用长方体箱形结构。卫星结构由中心承力筒和蜂窝板组成，包络尺寸为2 000mm×1 720mm× 2 200mm。在卫星两侧，各有一副太阳翼，每副都由3块基板组成。这对太阳翼在卫星入轨后立刻展开，总跨度达18.1m，可以根据太阳光照的方向进行转动，确保能够对准太阳，以获取稳定的能量。

▲ 嫦娥一号卫星飞行状态外形图

　　嫦娥一号卫星可以根据任务的需要采取多种飞行控制方式：由地球飞往月球的过程中，其飞行姿态需要保证太阳翼朝向太阳；靠近月球时要通过发动机进行减速制动；在进入环月飞行轨道后，要能建立稳定的飞行状态，将各类执行探测功能的有效载荷指向月球或其他特定方向，从而获取科学数据。

　　嫦娥一号卫星系统由9个分系统组成：结构与机构、热控、供配电、数据管理、测控数据传输、定向天线、制导导航与控制、推进、有效载荷。卫星表面安装有姿态测量敏感器、科学探测仪器、测控与数据传输天线、姿控发动机等；箱体结构中心的圆柱形承力筒内安装有两个大容量贮箱，可以携带1 200kg推进剂，贮箱下方安装有推力为490N的发动机；箱体内的其余部分安装有蓄电池组、电源控制器、数据管理计算机、控制计算机和姿态控制装置等设备。

嫦娥一号卫星配置的科学探测仪器（有效载荷）共有8种，此外还有一套数据管理系统。这些探测仪器可以详细探测月球在地形地貌、物质成分和空间环境等方面的特征。

嫦娥一号卫星携带的有效载荷

有效载荷	功能简介
CCD立体相机	获取月面三维影像图
激光高度计	获取卫星下方月面的地形高度数据，为CCD立体相机提供卫星与月面的相对高程数据
X射线谱仪	探测月面各种元素或天然放射性物质发出的特征X射线，获得不同能量的X射线能谱
γ射线谱仪	获取月面的元素丰度与分布信息，用于分析各种元素和物质类型的富集区域及分布特点
干涉成像光谱仪	探测月面矿物质的元素类型、含量和分布情况，绘制各种元素的全月面分布图
微波探测仪	探测并评估月表的土壤厚度和特性
太阳高能粒子探测器	在近月轨道上探测太阳高能粒子，获取其空间分布和运动规律等信息
太阳风离子探测器	探测原始太阳风离子能谱，以及太阳风的速度、离子温度等信息

▲ 干涉成像光谱仪（左）和CCD立体相机（右）

▲ 激光高度计

▲ 太阳风离子探测器

4.2.2 技术创新与突破

　　探月工程在技术上面临的新挑战是不言而喻的。在我国实施探月工程之前发射的卫星中，距离地球最远的科学实验卫星的远地点高度只有约 7.8×10^4 km，其次是发射数量较多的地球同步轨道卫星，距离地球约 3.6×10^4 km。而月球与地球之间的平均距离约为 3.8×10^5 km，大约是这两类卫星高度的 4.9 倍和 10.6 倍。嫦娥一号卫星不仅要飞越这么远的距离，而且在工作模式和面临的空间环境上，也跟地球轨道卫星有明显不同——工作模式更加复杂、环境更加严酷。嫦娥一号卫星研制团队面临诸多的技术难关，需要去逐一突破；在工程管理方面，也存在着资料匮乏、研制经验不足、项目进度紧张等不利因素，然而通过研制团队的辛勤工作和协同攻坚，这些困难被逐一克服。

1. 奔月轨道设计

　　嫦娥一号卫星设计工作需要攻克的核心关键技术，就是"怎样飞临月球"。嫦娥一号卫星的轨道设计是一个复杂的难题，其中奔月轨道的设计更是关键：只要稍有偏差，就很有可能功败垂成。探测器在地球轨道附近 1m/s 的偏差，就可能使它在近月点附近的高度偏差达到数百千米——国外曾有多颗月球探测器就这样与月球"失之交臂"，有的甚至直接撞上月球，落得个"出师未捷身先死"的结果。

　　嫦娥一号卫星的轨道设计师针对地球和月球的相对关系、月球探测任务的需求，经过详细分析，求解出了地月转移轨道的数学模型，为嫦娥一号卫星制定了优化的地月转移轨道和环月飞行轨道，精确计算出了它从地球出发和在近地轨道停留的时间，以及被月球捕获和制动的时间。轨道设计师通过深入的研究和精心的设计，为嫦娥一号卫星铺设出了一条精巧的奔月之路。

　　嫦娥一号卫星首先由运载火箭送入环绕地球飞行的大椭圆轨道。为了能够以最少的能量消耗实现地月转移，卫星在发射入轨之后，会在绕地球飞行的轨道上进行 3 次"轨道加速"，让轨道的远地点不断变高，最终进入地月转移轨道。嫦娥一号卫星在靠近月球时，还要进行制动，以便被月球捕获，从而进入环月轨道。此后，嫦娥一号卫星还要经过3次减速制动和轨道调整，才能最终把轨道变为200km×200km的极月圆形轨道，随后开始执行探测任务。

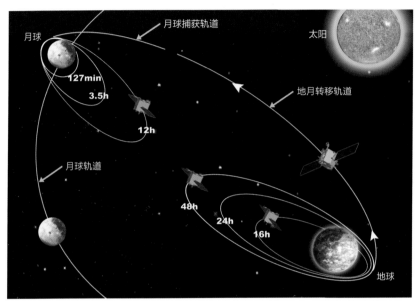

▲ 嫦娥一号卫星地月转移轨道过程示意图

2. 远程地月测控通信

月球与地球之间约$3.8×10^5$km的平均距离，会导致"星—地"无线信号强度大幅衰减：与地球轨道卫星相比，月球轨道卫星的信号强度不及其百分之一。而嫦娥一号卫星在环月飞行期间，还要将大量的科学探测数据源源不断地传回地球。当时，国外开展探月任务可以采用38m直径的地面测控天线，而我国最大的地面测控天线直径只有12m——这就要求嫦娥一号卫星上的测控通信设备具有更强大的数据传输能力。

为了解决这一难题，科研团队一方面创造性地设计了我国第一个深空测控数据传输星载系统，让各类测控数据传输设备的功能和性能得到了全面提升，技术指标达到了世界一流水平；另一方面，从零开始研发了一种定向天线，它具有二维大角度机械式扫描能力，可以在特定方向上实

现高增益的信号传输。这种定向
天线由射频部分、机构部分、结
构部分组成：射频部分包括抛物
面天线反射面、馈源等；机构部
分包括双轴驱动机构、压紧/释
放装置；结构部分包括反射面支
架、展开臂等。有了定向天线，
嫦娥一号卫星就能精确地将探测
数据快速、可靠地传回地球。

3. 三体定向姿态控制

嫦娥一号卫星需要具备对太
阳、地球、月球的"三体定向"
能力：太阳翼要能对准太阳，以
获取能源；安装有效载荷的卫星
平台要能对准月面，以进行探
测；天线则要对准地球，以传回
探测数据。这些要求需要同时满
足，所以嫦娥一号卫星采取了三
轴稳定的姿态控制方式，在保证
卫星对月面姿态不变的情况下，
根据任务的需求高精度地去控制
太阳翼和定向天线的指向。

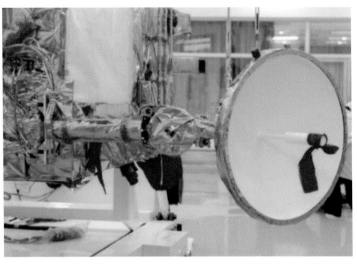

▲ 装配好的嫦娥一号卫星定向天线

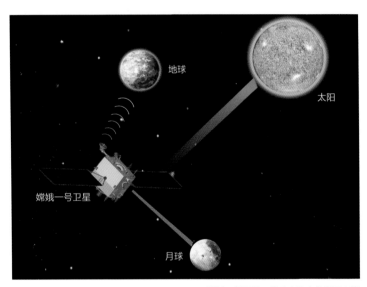

▲ 嫦娥一号卫星三体定向姿态控制示意图

为实现这种复杂的姿态控制，嫦娥一号卫星采用了两套"定姿方案"：
一是星敏感器结合轨道计算，二是紫外月球敏感器结合太阳敏感器。两
套方案的结合可以确保卫星准确地获得相对太阳、地球和月球的姿态信
息。为了实现对月球的定向控制，嫦娥一号卫星利用了姿控推力器和反
作用动量轮相结合的控制方法，其中，姿控推力器负责大范围的姿态调
整，反作用动量轮负责精准地控制指向。针对太阳翼的对日定向和定向

天线的对地定向需求，负责设计姿态控制系统的工程师利用"两次垂直转动可以保证第三轴指向任意方向"这一基本原理，开发出了针对性的控制算法。通过这些设计方案，嫦娥一号卫星顺利实现了高精度的三体定向姿态控制。

4. 紫外月球敏感器

地球大气层拥有一个稳定的红外辐射带，这为绕地球运转的卫星提供了便利，因为它们可以利用红外地球敏感器来测定自己的姿态。月球没有大气，这种红外敏感器也就无法被采用；而且，月面不同区域的地形和月壤成分各不相同，其反射率的强弱可能相差几十倍，这也十分不利于敏感器的正常工作。要想从月球卫星敏感器频谱中选取一个适合自身工作的频段，不失为一道棘手的难题。为此，我国科研人员反复研究了月面不同物质、地形的反射特性，结果发现月球的紫外线辐射是比较稳定的；在这个频段拍到的月球影像，亮度反差明显较小，足以保证图像处理结果的正确性，所以，嫦娥一号卫星选用了紫外月球敏感器作为"眼睛"，来观察月球并确定自身的姿态。

不过，紫外月球敏感器是一种大视场、成像式的光学姿态敏感器，当时我国还没有这种敏感器。科研人员于是决定进行自主创新，把这款新型敏感器研发出来。国外研制这种仪器，一般要采用昂贵的蓝宝石作为原材料，而我国当时加工蓝宝石的能力还达不到相关要求，于是，科研人员提出了以光学玻璃和光学晶体配组代替蓝宝石的方案。随后，通过两年多的技术攻关，我国成功地解决了光学系统设计、电子电路研制、紫外月球敏感器标定与测试等各环节的难题，成功完成了紫外月球敏感器的自主研发，实现了嫦娥一号卫星姿态的精确测量，保证了卫星在轨稳定运行。

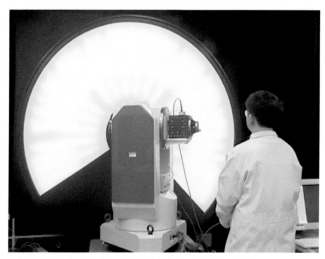

▲ 科研人员在对嫦娥一号卫星紫外月球敏感器进行标定和测试

4.2.3 飞行过程

2007年10月24日18时5分，在西昌卫星发射中心，承载着中华民族数千年奔月梦想的嫦娥一号卫星，在万众瞩目之下，搭乘长征三号甲运载火箭进入太空。中国人的探月征程正式开启——月球，我们来了！

1. 飞向月球

嫦娥一号卫星首先被运载火箭送进了一条环绕地球的大椭圆轨道，该轨道的近地点高度为200km，远地点高度为5.1×10^4km。卫星与运载火箭分离后，太阳翼、定向天线等运动部件全部顺利展开，飞行状态良好。科研团队经过精确的分析和计算，设定了详细的加速方案，逐渐提升卫星的轨道高度。这个提升过程历时7天，至10月31日，卫星按计划精准地进入了地月转移轨道。鉴于轨道控制可能会存在一定的误差，所以在原定的地月转移过程中，还计划安排3次中途修正。令人鼓舞的是，嫦娥一号卫星实际轨道控制精度远远高于预期，实现了"超水平发挥"，中途修正计划被减少到一次，大大节省了宝贵的推进剂。

嫦娥一号卫星在地月转移轨道上经过5天的飞行，逐渐靠近月球。在月球的引力作用下，它的速度越来越快，按照飞行程序，它及时进行减速制动，实现了对月球的绕飞。随后，它通过两次减速进一步降低轨道高度，于11月7日进入了执行探测任务的绕月飞行轨道，即"使命轨道"。

2. 首探月宫

嫦娥一号卫星的使命轨道是圆形的绕月轨道，离月面200km，卫星每绕月球飞一圈需要127min。这条轨道同时属于"极月轨道"，经过月球的南北两极，能够让嫦娥一号卫星对月球两极地区的表面进行全面的探测。嫦娥一号卫星携带的CCD立体相机，可以在一个月内将月面整体观测一遍；而它的微波探测仪，可以在一个月内把月面整体覆盖两遍；它的干涉成像光谱仪，则需要两个月把月面整体覆盖一遍。

嫦娥一号卫星设计的在轨寿命为1年。在这段时间里，星上的8台有效载荷全部正常工作，顺利完成了各项预定任务。卫星在达到设计寿

▲ 嫦娥一号卫星环月飞行图

▲ 2007年11月26日，中国国家航天局公布的嫦娥一号卫星获取的第一幅月面图像

命后，又继续工作了4个多月，开展了平台功能测试、轨道机动调整、月球重力场反演等10余项试验，创造了额外的价值。嫦娥一号卫星在轨期间，共传回1.37TB的科学探测数据，获取了全月球影像图、月面化学元素分布、月表土壤厚度等一系列科学成果。

为了避免嫦娥一号卫星在燃料完全耗尽之后成为轨道上的太空垃圾，2009年3月1日，嫦娥一号卫星在地面的精准控制之下进行减速，成功撞向月球的丰富海区域，投向了月球的怀抱。至此，我国的首颗探月卫星在飞行494天、绕月5 514圈后，优雅谢幕，在中国月球探测史上留下了它光彩夺目的身影。

知识小课堂：嫦娥一号卫星遇到月食怎么办？

嫦娥一号卫星在其1年的设计寿命期内，要经历2次月食，其间来自太阳的光线会被地球挡住。月食阶段（含全食阶段及其前后的偏食阶段）时长超过3h，对卫星的供电能力、温控能力提出了更高的要求。

月食期间，在地球的半影区域内，能有少量的太阳光照射到卫星，所以此时太阳翼仍能提供部分电源。卫星一旦进入地球的本影区，就完全没有太阳光的照射，需要依靠蓄电池组供电。火箭能发射的重量是有限的，所以卫星上携带的电池容量也较为有限。因此，在月食期间，为应对地球阴影和正常轨道阴影的叠加效应，减少星上的能源消耗，必须充分利用卫星不同部位间的热耦合设计，合理调整飞行程序，将各个分系统设置为最小功耗模式。此时没有太阳光的照射，卫星的温度会有一定程度的降低，但在飞出阴影区域后，各分系统就会恢复正常的状态设置。有了这类应对措施，嫦娥一号卫星就可以平安地度过月食阶段。

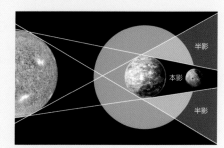

▲ 月球阴影区示意图

4.2.4　科技成果

嫦娥一号卫星完全依靠我国自有技术研制。嫦娥一号任务的圆满成功，树立了我国航天史上的第3个里程碑（前两个分别是"东方红一号"卫星成功发射、"神舟五号"载人飞船首次飞天），标志着我国航天跨入了新的发展阶段。嫦娥一号卫星在轨期间获得了大量的探测数据，使我国跻身为数不多的具有深空探测能力的国家之列，为未来开展深空探测任务积累了丰富的经验。

嫦娥一号卫星利用CCD立体相机和激光高度计获得了全月球的三维影像图。其中CCD立体相机获得的月球影像数据共有589轨（即在轨飞行圈数），对月面实现了世界上第一次100%的覆盖，数据清晰完整、内容丰富，达到了国际先进水平。激光高度计则获得了约916万条月面测高数据，在国际上也属数量最多。我国科研人员将CCD立体相机的图像数据和激光测高数据相结合，制成了空间分辨率为3km的"全月球数字高程模型图"，这一成果无论是从数据覆盖范围，还是从平面定位精度与高程精度，均优于同一时期国外的全月球数字地形产品。

◀ 嫦娥一号卫星拍摄的全月球影像图

月球北极　　　　　　　月球南极

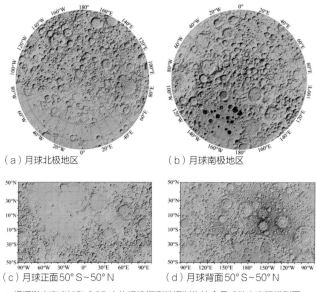

（a）月球北极地区　　　　　（b）月球南极地区

（c）月球正面50°S~50°N　　（d）月球背面50°S~50°N

▲ 根据激光高度计和CCD立体相机探测数据制作的全月球数字高程模型图

嫦娥一号卫星利用 γ 射线谱仪、干涉成像光谱仪等探测设备，对月面成分进行了探测。其中 γ 射线谱仪共获取1 103轨有效数据，完成了铀、钍、钾等元素在月球上的含量分布图。干涉成像光谱仪获得了706轨有效数据，覆盖了月球表面积的79%，科学家利用这些数据绘制了月球的"藏宝图"，对开发利用月球钛铁矿、稀土矿等资源的前景进行了有效的评估。微波探测仪测量了月壤的厚度和特性，制成了世界上第一幅包括4个谱段的月面辐射亮度温度分布图。

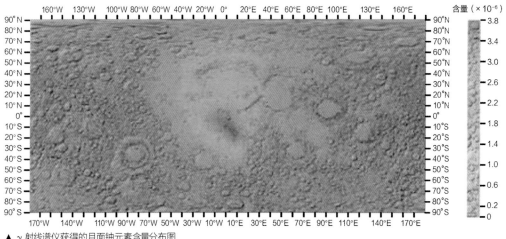

▲ γ 射线谱仪获得的月面铀元素含量分布图

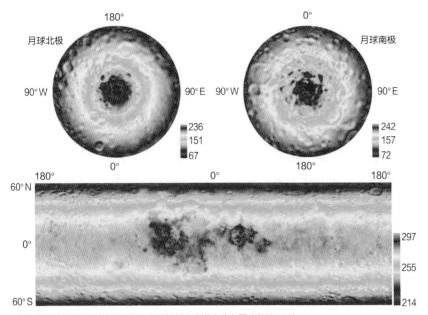

▲ 根据微波探测仪探测数据制作的月面辐射亮度温度分布图（单位：K）

　　此外，嫦娥一号卫星还利用太阳高能粒子探测器和太阳风离子探测器，探测了月面和近月空间的环境，获得了时间超过 2 800 h 的测量数据，有效支持了科学家深入分析地月空间环境，并探究太阳粒子与地球磁场的相互关系。

4.3 嫦娥二号卫星：扬帆远航谱新篇

主要任务节点：
发射入轨时间：2010年10月1日
抵达月球时间：2010年10月6日
飞离月球时间：2011年6月9日
抵达日地L2点时间：2011年8月25日
与小行星交会时间：2012年12月13日

▶ 嫦娥二号卫星在轨飞行状态示意图

　　探月工程起步的时候，鉴于我国是首次研制和发射月球探测卫星，为了以防万一，还为嫦娥一号卫星研制了一个"孪生姊妹"，也就是它的"备份星"。嫦娥一号任务顺利完成后，中国国家航天局组织专家深入论证后决定对这颗备份星进行创新性的改进，并命名为嫦娥二号卫星，成为落月探测任务的先导星。它的主要任务是对月球开展更精细、更全面的探测，验证探月工程二期的部分关键技术，并对嫦娥三号探测器的预选着陆区进行高分辨率的成像观测。嫦娥二号卫星于是由"替补队员"华丽变身为嫦娥三号探测器的"探路先锋"。

　　除了完成航天工程上的目标，嫦娥二号卫星还被科学家委派了其他一些科学探测任务：获取更高分辨率的全月面图像，获取更高精度的月面元素分布数据和月壤特性探测数据，进一步深化嫦娥一号卫星的研究成果；继续探测地月空间、近月空间的环境，研究太阳高能粒子事件、太阳风及其对月球环境的影响等。

4.3.1　卫星方案

与嫦娥一号任务相比，嫦娥二号任务的特点可以用"快、近、精、多"4个字来概括。"快"是指卫星由运载火箭直接送入地月转移轨道，这种类似于运动员在田径赛场上投掷标枪的路线，把嫦娥二号卫星到达月球的时间由12天缩短至5天；"近"是指卫星的环月轨道高度由200km降低为100km，而在实施近距离成像时，卫星更是离月面只有15km；"精"是指卫星采用了分辨率更高的CCD立体相机，在100km高度时成像分辨率提高至10m，在15km高度时分辨率可达1.5m；"多"是指卫星在轨期间除完成多项月球探测主任务之外，还要完成多项新技术验证试验，并开展深空拓展探测任务。

▼ 嫦娥二号卫星飞行状态外形图

嫦娥二号卫星的结构外形与嫦娥一号卫星一致，但在系统组成上有所不同，增加了技术试验分系统，还搭载了多台新研制的设备。卫星的质量增加到2 480kg，采用了运载能力更强的长征三号丙运载火箭进行发射，直接进入地月转移轨道，节省了数量可观的燃料，为执行拓展任务提供了条件。根据新的任务需求，嫦娥二号卫星在飞行轨道与飞行程序、姿态控制等方面都做了优化，卫星平台的服务能力得到显著的提升。

在科学探测方面，嫦娥二号卫星共携带了7种有效载荷。其中激光高度计、X射线谱仪、γ射线谱仪、微波探测仪、太阳高能粒子探测器、太阳风离子探测器与嫦娥一号卫星保持不变，但部分有效载荷提高了探测精度；另一种是此次任务中全新研制的产品——高分辨率CCD立体相机，用来获取月面及嫦娥三号预选着陆区的高分辨率图像，也是这次任务最重要的设备之一。

为做好后续月球和深空探测任务相关技术准备，嫦娥二号卫星在轨期间还要开展多项新技术验证试验，例如X频段测控体制验证试验、新型编码数据传输技术验证试验等。

4.3.2　技术创新与突破

每次月球探测任务都会因具体目标的差异，而面临不同的技术难题和挑战。嫦娥二号卫星作为探月工程二期的先导星，起着承上启下的关键作用，虽然是在嫦娥一号卫星备份星的基础上进行研制，但为了获取更多的科学成果，仍然在工程技术上实现了多项创新与突破。

1. 高精度月面立体成像

嫦娥二号卫星的主要目标之一，是对嫦娥三号探测器的预选着陆区——虹湾地区进行高分辨率的成像拍照，以便在其中选定一块较为平坦、没有大障碍物的区域，保障将来安全着陆，因此，需要研制具有更高清晰度、能够显示更多月面细节的CCD立体相机。嫦娥二号卫星要在100km高的轨道上获取分辨率优于10m的图像，还要在15km的高度获取虹湾地区分辨率优于1.5m的图像，这对其相机的要求不仅明显高于嫦娥一号卫星，部分指标甚至已超过了美国2009年发射的月球勘测轨道飞行器（LRO）上的相机。

负责相机研制的科研人员以富有创新性的思维，设计了嫦娥二号卫星高分辨率CCD立体相机的总体方案：在一台相机中安装两个CCD敏感器件，二者同时开机，一次拍照即可实现立体成像；此外，科研人员还大胆应用了时间延迟积分CCD和速高比补偿等新技术，有效保证了

▼ 嫦娥二号卫星高分辨率CCD
立体相机在轨成像示意图

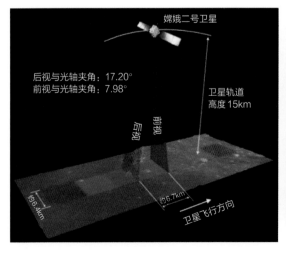

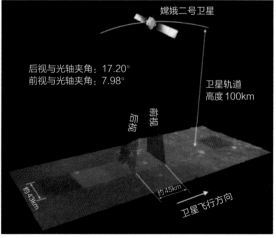

相机成像的质量。

2. X频段深空测控通信

嫦娥二号卫星搭载了我国首台X频段数字深空测控应答机，这台设备是为这次任务专门研制的。与嫦娥一号卫星测控通信采用的S频段相比，X频段的无线电传输频率更高，远距离通信能力更强、测量精度更高，还可以实现星上设备的小型化。X频段深空测控通信也是当时开展深空探测任务的一个重要技术发展方向。

为了研制X频段数字深空测控应答机，科研人员掌握并突破了一系列关键技术，比如数字基带设计、低信噪比载波捕获算法等，实现了在大噪声背景下对弱信号的捕获与跟踪，信号接收灵敏度提高10倍以上，测速精度达到1mm/s，测距精度达到1m，精度显著提升。在数据传输方面，嫦娥二号卫星新增加了低密度奇偶校验编码功能，提高了纠错能力和编码增益，使得其数据传输速率由嫦娥一号的3Mbit/s提升至12Mbit/s，并将深空测控通信的距离拓展至上千万千米。

◀ 嫦娥二号卫星X频段数字深空测控应答机

2013年1月，嫦娥二号卫星在距离地球1×10^7km处，与我国2012年新建成的地面深空测控站协同工作，对X频段测控体制进行了验证试验，试验取得圆满成功。在此之后，X频段深空测控通信技术成为嫦娥三号月球探测、天问一号火星探测等后续深空探测任务的主要测控手段。

知识小课堂：地面深空测控网

　　地面深空测控网一般由多个建在地面的深空测控站组成。深空测控站负责监视和跟踪航天器的运行情况，并控制它完成在轨飞行任务，具有举足轻重、不可替代的地位和作用。为了支持深空探测任务实施，我国已经研制并建设了自己的深空测控网，它全球布局、全天候全天时工作，与美国、欧洲的深空测控网并列为全球三大深空测控网。

　　我国的深空测控网由3个深空测控站组成，分别设在我国的喀什、佳木斯，以及地球另一端的阿根廷。这些深空测控站的测控距离可达几十亿千米，为我国实施深空探测任务提供了有力的保障。除此之外，我国还在北京、上海、昆明、乌鲁木齐建成了甚长基线干涉测量测轨分系统，进一步提高了深空探测器的轨道测量精度。

▲ 佳木斯深空测控站

▲ 喀什深空测控站

▲ 阿根廷深空测控站

4.3.3　飞行过程

2010年10月1日18时59分，长征三号丙运载火箭托举着嫦娥二号卫星升空，为新中国的61岁生日献上了一份贺礼。嫦娥二号卫星从进入太空开始，便开启了精彩并传奇的飞行旅程。

◀ 长征三号丙运载火箭托举嫦娥二号卫星腾空而起

1. 飞抵月球

嫦娥二号卫星被运载火箭直接送入地月转移轨道，奔月时间由12天缩短为5天。2010年10月6日，它顺利完成了第一次近月制动，进入了近月点高度为100km的环月大椭圆轨道。嫦娥二号卫星近月点高度是嫦娥一号卫星近月点高度的一半，飞行速度更快，近月制动时的技术难度更高，风险也更大。随后，嫦娥二号卫星又经过2次近月制动和1次轨道平面机动，于10月9日准确进入预定的覆盖月球南北两极上空的圆轨道，轨道高度为100km，运行周期为118min。

在奔赴月球的路途中，嫦娥二号卫星先后开展了定向天线展开过程监视成像、X频段测控试验、紫外导航试验、太阳风离子探测等任务，成功验证了微小相机成像、紫外导航等新技术，首次获取了完整的地月空间环境探测数据。

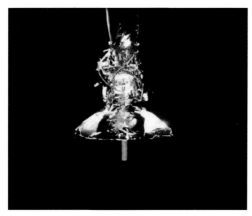
▲ 监视相机拍摄到的定向天线展开后的图像

▲ 监视相机拍摄到的近月制动时发动机工作的图像

2. 精细探测

2010年10月至2011年6月，嫦娥二号卫星按计划开展了各项科学探测和新技术验证试验任务，各类有效载荷共获取了3.5TB的原始数据。其中，高分辨率CCD立体相机在约200天的时间里，完成了对整个月面的立体成像观测，共获得608轨图像数据，获取了分辨率为7m的全月球地形影像图——这套影像图实现了月面100%无缝镶嵌，在空间分辨率、图像品质、拼接精度等方面均优于国际同时期同类产品，是当时世界上水平最高的全月球数字影像图。其他有效载荷均按照计划完成了探测任务，累计探测时间超过4 000h，获取了大量数据。

▶ 嫦娥二号卫星获取的分辨率为7m的全月球地形影像图

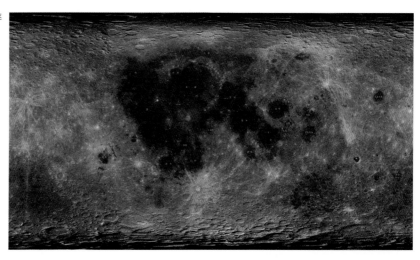

3. 为着陆月球探路

对虹湾地区进行高分辨率成像，是嫦娥二号卫星的重点任务之一。为此，科研人员首先制定了精细的轨道控制策略，精确地控制嫦娥二号卫星进入 100km×15km 的椭圆轨道，为近距离拍摄虹湾地区创造了条件。从 2010 年 10 月 27 日开始，嫦娥二号卫星在经过虹湾地区上空时，对其进行了高分辨率成像，获取的图像分辨率最高达 1m，这使得虹湾地区主要的地形特征都可以被清晰地反映出来。通过分析这些图像数据，科研人员发现，虹湾地区的月面较为平坦，由玄武岩质的月壤覆盖，分布有不同大小的陨石坑和石块，总体来说比较适合嫦娥三号探测器着陆。

4. 从月球走向深空

嫦娥二号卫星在圆满完成各项探月任务后，状态仍然良好，而且还剩余大量推进剂。为了充分利用这次难得的探索机会，创造更多的价值，科研团队经过充分的论证，为它赋予了新的使命：飞往日地之间的第二拉格朗日点（简称为日地 L2 点），这项任务更精彩但也更加艰巨，嫦娥二号卫星由此进入任务拓展阶段，开启了深空探测的新征程。

2011 年 6 月 9 日，嫦娥二号卫星在经过两次精确加速后，飞离了绕月轨道，奔向距地球 $1.5×10^{6}$km 之遥的日地 L2 点。这个点位于地球磁场的尾部，在该点附近开展探测，可以提高科学家对地球远磁尾的认识。77 天之后，即 2011 年 8 月 25 日，嫦娥二号卫星进入了环绕日地 L2 点的飞行轨道，开始执行地球远磁尾三维离子能谱观测、太阳耀斑爆发探测、太阳高能粒子观测等任务，这使我国成为世界上第 3 个到达日地 L2 点进行探测的国家。

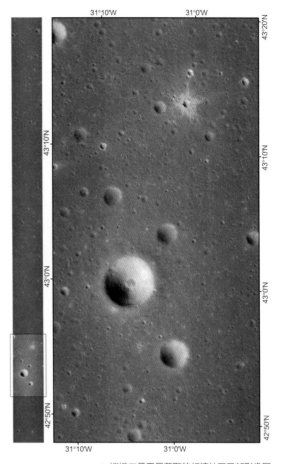

▲ 嫦娥二号卫星获取的虹湾地区局部影像图

知识小课堂：日地之间的第二拉格朗日点

　　由于万有引力的作用，太空中的绝大多数人造卫星都在围绕着地球或其他天体旋转，而如果想让它们停留在太空中的某个固定点，通常需要消耗大量的推进剂。凡事总有例外：当卫星位于两个天体（例如太阳与地球）共同的引力场中时会存在一些平衡点，使得卫星刚好保持与两个天体相对静止。这样的平衡点在太阳和地球的引力场中共有5个，它们是由瑞士数学家欧拉和法国数学家拉格朗日共同推算出来的，也被称为"平动点"。

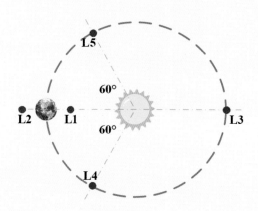

◀ 太阳与地球引力场中5个拉格朗日点的位置（图中地球绕太阳逆时针旋转）

　　日地L2点，是太阳与地球作为一个引力系统而形成的5个拉格朗日点中的第2个，它位于日地连线的延长线上，在地球外侧，距离地球约$1.5×10^6$km。这个位置上的航天器，与太阳和地球的相对位置都是静止的。日地L2点的光照条件与通信条件稳定，是非常有利于开展科学观测的位置。众多的空间望远镜都选择在此附近的轨道上运行，例如"普朗克"宇宙辐射探测器、赫歇尔空间天文台、詹姆斯·韦布空间望远镜等，未来，还会有更多的航天器落户于此。

　　在完成日地L2点探测任务之后，为了继续挖掘嫦娥二号卫星的潜能，科研团队又将目光投向了更远的太空。2012年6月1日，嫦娥二号卫星成功飞离日地L2点，进入围绕太阳飞行的"行星际轨道"。2012年12月13日，它在距离地球约$7×10^6$km的深空，以10.73km/s的相对速度，与绰号"战神"的图塔蒂斯小行星擦肩而过，实现了我国首次小行星飞越探测。它在与这颗小行星交会时，最近距离仅为3.2km，既要保证安全，又要获取更多的探测数据，难度可想而知。通过精心的轨道设计与飞行控制，嫦娥二号卫星精确地对准小行星，成功完成了对"战神"的探测，获取了分辨率优于3m的彩色清晰图像。

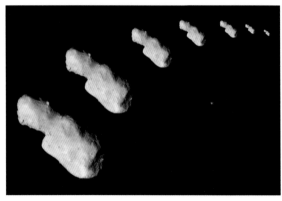

在此之后，嫦娥二号卫星继续向更远的深空挺进，于2013年1月5日成功突破了距离地球$1×10^7$km的大关，不断刷新着我国深空探测的最远距离纪录。目前，嫦娥二号卫星已经成为一颗绕着太阳飞行的人造小行星。

▲ 嫦娥二号卫星拍摄的图塔蒂斯小行星照片（合成）

根据测算，它在这条轨道上距离地球最远时约有$3×10^8$km。

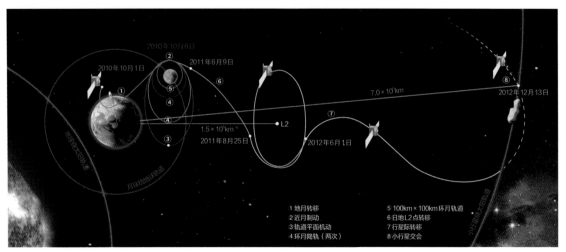

▲ 嫦娥二号卫星在轨飞行重要事件示意图

4.3.4 科技成果

从备份星到先导星，从月球探测卫星到太阳系人造小行星，嫦娥二号卫星不断蜕变，把潜力发挥到了极致，创造了一个又一个奇迹。嫦娥二号任务的圆满成功，是我国探月工程的又一重要成就：在一次任务中实现了对月球、日地L2点、小行星等多个目标的探测，取得了一系列创新成果，验证了一批与"落月"相关的关键技术，开辟了我国深空探测的新方向，刷新了中国航天器飞行的高度。

在嫦娥二号卫星众多的科学探测成果中，最引人注目的是高分辨率CCD立体相机所拍摄的当时世界上最高分辨率的月面图像，由此制成的全月球数字影像图有力地支撑了嫦娥三号探测器着陆区的选择。此外，嫦娥二号卫星还在国际上实现了多个"首次"：首次使用溴化镧晶体来探测月面元素分布，大大提高了探测的灵敏度，获得了铀、钍、钾、铁、铝等元素的全月面分布数据；首次获得覆盖全月球的X射线观测数据，得到了全月面的铝、镁元素分布图，为确定月球岩石类型、研究月球演化历程提供了依据；首次观测到月球上的显著铬元素特征X射线，并在虹湾地区同时观测到7种元素（镁、铝、硅、钙、钛、铬、铁）；首次获得了100km轨道高度的月球微波探测数据和亮度温度图，为推演月壤的物理特性和化学特性、研究月球的形成和演化历史提供了新证据。

▶ 月面钾元素含量分布图

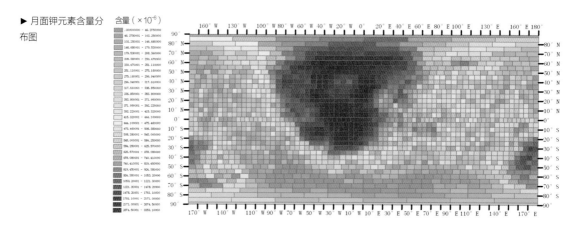

4.4. 嫦娥三号探测器：着陆虹湾访月宫

主要任务节点：
发射入轨时间：2013年12月2日
月面着陆时间：2013年12月14日
月面巡视时间：2013年12月15日

◀ 嫦娥三号探测器着陆月面后两器状态示意图

在嫦娥二号卫星拉开探月工程二期的序幕后，嫦娥三号探测器的研制任务顺利启动。嫦娥三号探测器这位"仙女"是怀抱"玉兔"降临月宫的，它的主要任务目标是实现月面软着陆和巡视勘察。在工程上，需突破月面软着陆、月面巡视勘察与遥操作等关键技术，使我国具备地外天体软着陆探测能力；在科学上，需开展月面地形地貌与地质构造调查、月表物质成分和可利用资源调查，进行地球等离子体层探测、日—地—月空间环境探测和月基光学天文观测等。

4.4.1 探测器方案

嫦娥三号探测器由着陆器和巡视器（也称月球车）两部分组成。巡视器位于着陆器的上方，两器通过连接与解锁机构实现固定和分离。发射时，着陆器重约3 640kg，巡视器重约140kg，探测器总重约3 780kg，总高度为3.45m，重量比嫦娥一号和二号卫星增加了很多，需要由长征三号乙运载火箭发射。入轨后，着陆器先后展开太阳翼和着陆缓冲机构，并沿地月转移轨道飞向$3.8×10^5$km外的月球。

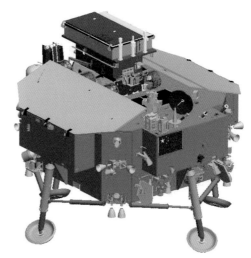

▲ 探测器发射状态外形图

在飞行过程中，巡视器就像是着陆器的有效载荷，它的供电和数据传输任务都是由着陆器负责。在嫦娥三号探测器着陆后，两器进行分离，巡视器沿着着陆器侧面的可展开式转移机构行驶至月面，与着陆器各自独立开展探测。

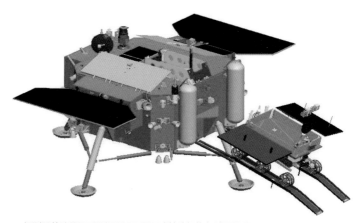

▲ 探测器着陆月面后巡视器沿可展开式转移机构行驶至月面

1. 着陆器

嫦娥三号着陆器负责携带有效载荷和巡视器在月面安全着陆，在释放巡视器后，开展月面原位探测。月昼期间，着陆器会利用有效载荷收集科学数据；月夜期间，它会进入休眠模式，依靠放射性同位素热源提供的热量来进行保温，实现在月面的长期生存。

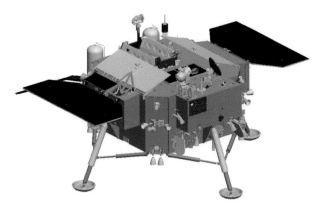

▲ 嫦娥三号着陆器月面工作状态外形图

着陆器共包括11个分系统，即结构与机构、着陆缓冲机构、热控、一次电源、总体电路、测控数据传输、制导导航与控制、推进、定向天线、数据管理和有效载荷，采用扁平状八棱柱形的箱板式构型，内部以十字形隔板作为主传力承载结构。

着陆器的舱内主要安装有4个大容量推进剂贮箱，还配置了7 500N发动机、发动机隔热屏等产品；舱外设置有3个独立的小舱，安装了分属于测控数据传输、一次电源和有效载荷等分系统的电子设备，其中左右两侧小舱的顶部还分别安装了1副可多次展开和收拢的太阳翼，这种太阳翼在火箭发射时和探测器着陆月面的过程中是收拢的，在入轨飞行阶段以及到达月面之后展开。除此之外，舱外还安装有测控天线和定向天线、推进系统高压气瓶和姿控推力器、激光和微波测速测距雷达，以及各种有效载荷。而在着陆器的4个侧面下方，分别安装有一套可展开的着陆缓冲机构，它们在探测器发射入轨后就会展开，用来承受和减缓在月面降落时的冲击力。

2. 巡视器

嫦娥三号巡视器就是大家熟知的"玉兔号"月球车，它的任务是在月面开展巡视勘察，具备地形地貌识别功能，能够自主导航、避障行走、与地面测控站和着陆器进行通信，并能长期在月面上生存。

▶ 嫦娥三号巡视器月面工作状态外形图

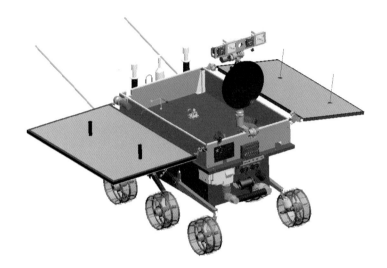

这只"玉兔"共包括8个分系统，即结构与机构、移动、制导导航与控制、综合电子、电源、热控、测控数据传输和有效载荷。它采用箱板式构型，设计了摇臂悬架–轮式移动装置，配置有6个驱动轮，其中4个为转向轮，以适应月面崎岖的地形。它的舱内安装有各类电子设备，舱外则布置了具备展开和收拢功能的太阳翼、桅杆、机械臂以及测月雷达天线等，桅杆上还安装有定向天线和全景相机。发射时，桅杆被压紧在结构箱体之中，太阳翼覆盖在桅杆上面，并且也处于收拢和压紧的状态；在到达月面后，太阳翼和桅杆会先后解锁、展开，获取电能，并与地面建立通信。测月雷达天线和机械臂分别安装在巡视器后方的两侧和前侧的下方，在到达月面后先进行解锁展开，随后按照地面的指令开展科学探测工作。

3. 有效载荷

嫦娥三号探测器可以通过自身携带的各种仪器设备，对月球实现几乎零距离的探测，全面掌握月面着陆和巡视区地形地貌信息，进而帮助科研人员深入研究月球的演化史。在嫦娥三号探测器携带的8种有效载荷中，着陆器和巡视器上各有4种，它们的主要任务是对着陆点周边及巡视路线上的地形地貌、月壤浅层结构、物质成分进行探测，并开展月基天文观测和对地观测。

嫦娥三号探测器携带的有效载荷

所在器	有效载荷	功能简介
着陆器	降落相机	在着陆过程中获取着陆区的地形图像
	地形地貌相机	获取着陆区的高分辨率彩色图像
	月基光学望远镜	开展月基天文观测
	极紫外相机	对地球等离子体层进行极紫外成像探测
巡视器	全景相机	获取巡视器周边的地形地貌图像
	测月雷达	探测月面的浅层结构
	红外成像光谱仪	探测月面矿物的化学成分和分布
	粒子激发X射线谱仪	探测月球元素的种类信息及含量信息

▲ 月基光学望远镜主体外形图

▲ 粒子激发X射线谱仪外形图

4.4.2 技术创新与突破

嫦娥三号探测器是我国第一颗在其他星球实施软着陆和巡视勘察的航天器，所以其任务功能与在轨飞行的航天器完全不同，需要研制全新的平台和有效载荷，突破月面软着陆、巡视探测和长期生存等多项关键技术。因此，嫦娥三号任务成为当时我国航天领域技术挑战最大、工程风险最高的任务之一。

1. 月面软着陆

嫦娥三号探测器在环月轨道上飞行的速度约为1.7km/s，而要在月面安全着陆，就要把速度减小到接近于零，并能够沿着下降飞行轨迹精确地到达指定的着陆区。探测器在降落到月面时，若发动机关机稍有提前或者延迟，就无法保证着陆后的安全性，因此需要解决一系列技术难题，比如可变大推力发动机的研制、高精度自主软着陆控制等。

- 可变大推力发动机研制

月球没有大气层，也就无法利用降落伞来减速。因此探测器在降落到月面时，需要由发动机的反推来进行"刹车"，以减小飞行时的动能和势能。嫦娥三号探测器携带了多达2 500kg的推进剂，并配置了可变大推力发动机。发动机的最大推力达到了7 500N，且响应速度非常快，能够在几十毫秒内开始提供动力输出，并能随着下降过程实时调整推力的大小，以保证稳定控制下降的速度。

针对嫦娥三号探测器着陆过程中工作模式复杂、推力变化范围大、精度要求高等特点，科研团队为它配备了4个大容量推进剂贮箱，采用并联方式安装，解决了推进系统并联均衡排放、大流量稳定工作等技术难题，实现了大流量推进剂的稳定供应。

▼ 针对嫦娥三号探测器研制的7 500N发动机（左）及发动机热试车（右）过程

● 高精度自主软着陆控制

嫦娥三号探测器在月面着陆时，下降速度快，着陆时间短，无法依靠地面指令进行分步控制，需要自身具备高精度的制导导航能力，以及较强的自主控制能力。

嫦娥三号探测器采用了全自主分段式的减速与着陆方案。探测器先通过轨道机动将近月点高度降为15km，在

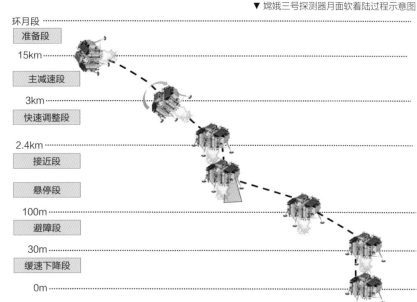

▼ 嫦娥三号探测器月面软着陆过程示意图

环月段
准备段
15km
主减速段
3km
快速调整段
2.4km
接近段
悬停段
100m
避障段
30m
缓速下降段
0m

飞行至近月点位置时，利用可变大推力发动机进行减速，逐步降低高度，飞行姿态也会由水平调整为竖直。在距离月面约100m时，探测器进行悬停、避障，以避开月面较大的岩石或凹坑，在选好安全着陆点后，缓慢地下降到月面，整个着陆过程耗时约12min，探测器接触月面时的着陆速度不大于3.8m/s。

▲ 嫦娥三号探测器采用的我国首个净高70m的悬停、避障试验场

▲ 嫦娥三号探测器悬停、避障与缓速下降专项试验工作场景图

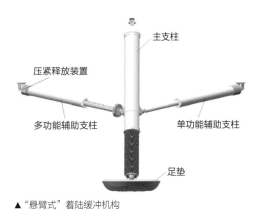

主支柱

压紧释放装置

多功能辅助支柱

单功能辅助支柱

足垫

▲ "悬臂式"着陆缓冲机构

● 月面着陆缓冲

嫦娥三号探测器需要能够承受一定程度的冲击，不能出现冲击过大导致器上设备损坏而无法正常工作的情况。科研人员为此创新设计了"悬臂式"着陆缓冲机构——每套机构由一根主支柱、两根辅助支柱、压紧释放装置和足垫组成。在该着陆缓冲机构的内部设置了压溃变形材料，这种材料在受到较强的冲击时会被"压溃"变形，从而吸收一部分能量，减轻着陆时的冲击。在研制该缓冲机构的过程中，科研人员突破了高延伸率拉杆材料制备、表面处理工艺等关键技术，研制出了具有国内领先水平的新型常温铝蜂窝超塑性缓冲材料，延伸率超过70%。

试验前　　试验后

足垫　　足垫

▲ 嫦娥三号探测器着陆缓冲机构地面缓冲试验现场图（左为整体，右为局部）

2. 月面巡视探测

月面不仅覆盖着厚度不均的月壤层，还遍布着大大小小的环形坑和岩石。这种复杂的地形环境，对巡视器的移动、自主导航与控制都提出了较大的挑战。

● 月面移动

为适应月面的崎岖地形，嫦娥三号巡视器配备了六轮摇臂悬架式移动装置。在这套装置中，科研人员对驱动机构和转向机构进行了一体化设计，并对车轮的外形参数和棘爪分布做了优化，赋予它很强的通过性能和爬坡越障能力。巡视器可以原地转向，行进时的最小转向半径只有1.5m，还能够适应20°的斜坡，跨越20cm高的障碍物，移动速度最快可达200m/h。

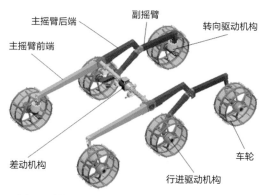

▲ 巡视器六轮摇臂悬架式移动装置

▲ 巡视器移动性能仿真分析与验证试验图

- 月面自主导航与控制

为了保证在月面安全行驶，巡视器需要事先规划出一条安全的路线，以避开较大的凹坑和岩石。针对这种需求，科研人员采取了器上自主规划＋地面遥操作的控制方式。在自主导航与控制方面，巡视器配有避障相机以及激光点阵器，可以用来获取地形图像信息。巡视器基于这些立体视觉信息，自主地进行局部路径规划与避障，性能达到当时国际先进水平。在地面遥操作方面，科研人员构建了逐级递进的任务规划与遥操作控制系统，用于实现月面周边地形三维重建、巡视器行走路径规划、科学探测任务规划与演示等。对于巡视器的行走控制策略和月面探测动作，科研人员可以先在地面实验室中进行验证，确认无误后再正式发送控制指令，这种天地联合操控方式，确保了巡视器在月面的安全移动。

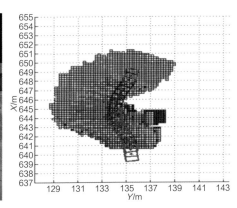

▲ 巡视器双目视觉自主导航（左）与路径规划（右）示意图

3. 月面长期生存

针对棘手的月夜低温问题，嫦娥三号着陆器和巡视器都采用了放射性同位素热源来提供热量，并通过两相流体回路，将热量传送至舱内的各个部位，这是放射性同位素热源在我国航天器上的首次使用。科研人员突破了涉核产品研制、试验验证、安全应用等技术关卡，成功利用放射性同位素Pu-238衰变产生的热量，依靠两相流体回路中热控工质的蒸发和冷凝过程，实现了热量的传输。而针对月面的高温问题，探测器将主散热面布置在了顶面，舱板外部包覆了多层隔热组件进行隔热，舱板内部也

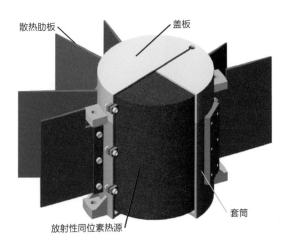

▲ 放射性同位素热源外形图

利用了热管来平衡不同部位的温度，通过采取这些措施，最终确保探测器处在适宜的温度范围内，实现了在月面的长期生存。

此外，为了尽可能减少月夜期间的能源消耗，探测器会在月夜来临前断电，进入休眠状态；当月昼来临后，它会在太阳的照射下自主加电唤醒，再次进入工作模式。

4.4.3　飞行过程

2013年12月2日1时30分，嫦娥三号探测器在西昌卫星发射中心由长征三号乙运载火箭发射入轨，经过地月转移、环月飞行和动力下降等环节，12天后成功在月球虹湾地区实现软着陆，随后开展科学探测工作。所有的动作环环相扣，均顺利完成，实现了"精确变轨、完美着陆、成功分离、有效探测、平安过夜"。

▲ 嫦娥三号探测器发射升空

1. 精确变轨

嫦娥三号探测器在地月转移过程中，共进行了两次中途修正。2013年12月6日，在地面测控人员的精确控制下，探测器完成了近月制动，进入环月飞行轨道。为了保证着陆过程的安全，并在着陆下降时节约一

知识小课堂：发射嫦娥卫星的火箭大家族

在"嫦娥"探月的浩瀚星路上，长征系列火箭大家族可谓功不可没——它们是托举嫦娥卫星飞天的幕后英雄。

长征三号甲（简称"长三甲"）运载火箭是这个大家族中最早参与探月工程的，它成功执行了嫦娥一号卫星发射任务，迈开了我国探月飞行的第一步。值得一提的是，长三甲火箭至今还保持着100%的发射成功率，有着"金牌先锋箭客"的美誉。

长征三号乙（简称"长三乙"）运载火箭，是在长三甲和长征二号捆绑运载火箭的基础上研制的，属于大型三级液体捆绑火箭。它携带4个助推器，运载能力进一步增强。嫦娥三号探测器和嫦娥四号探测器就是由长三乙运载火箭发射的，是"玉兔号"月球车实现月面巡视的得力助手。

长征三号丙（简称"长三丙"）运载火箭是长三乙火箭的变体——它从长三乙的设计方案中去掉了两个助推器。长三丙火箭完成了嫦娥二号卫星和嫦娥五号飞行试验器的发射任务，可以快速、直接地将探测器送入地月转移轨道，堪称火箭中的"急速先锋箭客"。

当然，除了长征三号系列火箭，这里还必须提一下长征五号。它是火箭大家族的新生力量，被亲切称为"胖五"，高约57m，直径约5m，捆绑有4个直径约3.35m的助推器，能将总重25t的航天器送进绕地球飞行的轨道，是名副其实的"大力士"。重达8.2t的嫦娥五号探测器，就是由"胖五"托举入轨的，为我国月球采样返回任务的实施奠定了坚实的基础。

我国的火箭大家族还在不断发展壮大，运载能力也在不断增强。在未来的深空探测中，这些"幕后英雄"将帮助中国的深空探测事业走向更深远的太空。

长征三号甲　长征三号乙　长征三号丙　　长征五号

▲ 发射嫦娥卫星/探测器的长征系列火箭大家族

定量的推进剂，12月10日，7 500N发动机进行了短时间的点火，探测器成功进入100km×15km的椭圆轨道，为软着陆创造了良好的条件。

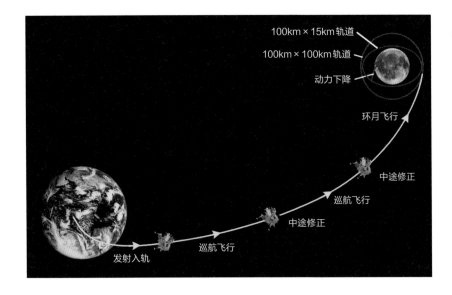

◀ 嫦娥三号探测器在轨飞行过程示意图

2. 完美着陆

在完成着陆前的所有准备工作后，嫦娥三号探测器于2013年12月14日开始了扣人心弦的落月环节。7 500N发动机再次开机后，探测器开始从15km的近月点高度减速并下降，经过主减速段、快速调整段、接近段的飞行，在距离月面仅100m处进行了悬停和避障。在最终选取了安全的着陆点后，它平稳地着陆在虹湾地区，完成了与月面的"亲密拥抱"。整个落月过程历时687s，完美实现了中国航天器在地外天体的首次软着陆。

着陆器上的相机第一时间对月面进行拍摄并传回了清晰的照片。从照片中可以看出，虽然着陆点附近较为平坦，但周边区域仍存在不少岩石以及大小不等的凹坑，这些障碍都足以对探测器的安全着陆造成威胁，这也证明嫦娥三号探测器拥有着过硬的自主避障能力。

▼ 嫦娥三号探测器落月后拍摄的第一张月面照片

3. 成功分离

2013年12月14日，在地面测控人员的控制下，着陆器与巡视器进行分离。着陆器上的转移机构首先解锁展开，巡视器行驶到转移机构的悬梯上，乘悬梯下降。在悬梯的前端接触到月面之后，巡视器行驶至月面执行巡视探测任务。

▼ 巡视器与着陆器分离并移动到月面

2013年12月15日，巡视器与着陆器进行了两器互拍，此举标志着嫦娥三号探测器任务取得圆满成功。

▶ 嫦娥三号着陆器（左）与巡视器（右）在月面的互拍图

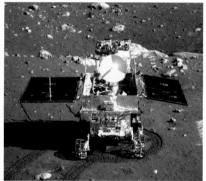

4. 有效探测

在月面着陆后，着陆器和巡视器携带的各种有效载荷顺序开机，并进行探测，取得了丰富的科学探测数据。

着陆器方面：地形地貌相机对着陆区进行了360°环拍，并对地球成像；极紫外相机取得了理想的地球观测图像，准确判定了地球轮廓、地球阴影、电离层气辉轮廓、地球等离子体层范围；月基光学望远镜在近紫外波段连续监测了各种天体变源的亮度变化，进行了天文图像的采集，观测到了23个天体目标的图像。

巡视器方面：在月面行驶过程中，有效载荷陆续开机工作，全景相机获取了着陆点周边和巡视路线附近的月面地形地貌图像；测月雷达通过两个探测通道，分别获取了巡视路线下方10m和140m的浅层结构数据；红外成像光谱仪对月面目标进行了光谱探测，获取了从可见光到短波红外段的光谱和图像；粒子激发X射线谱仪探测了月面元素，获得了月球上的元素种类和含量信息。这些数据为科学家研究巡视区域的地形地貌、地质构造和物质成分提供了支撑。

▲ 嫦娥三号巡视器月面工作状态图（左）及行驶后留下的车辙（右）

5. 平安过夜

2013年12月25日，在月夜来临前，着陆器、巡视器先后断电进入了休眠状态；2014年1月12日，两器经受住了月夜的极低温环境考验，平安度过了首个月夜并恢复了与地面的测控通信，成功实现自主唤醒，开始了新一轮科学探测工作。

在落月后的第二个月昼期间，"玉兔号"月球车在月面复杂环境的影响下发生了故障：机构控制系统出现异常，无法继续行驶。虽然经过地面控制中心的多轮处置，但未能恢复正常。不过，它的各类相机和有效载荷均能继续正常工作，并可持续获取相关探测数据。月球车最终在月面存活972天，累计行驶约114.8m。

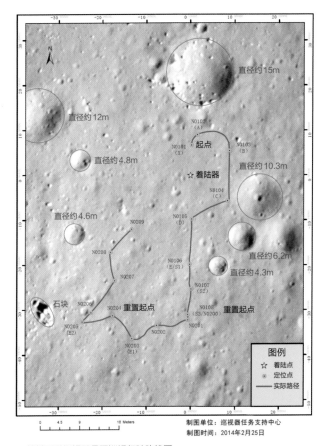

制图单位：巡视器任务支持中心
制图时间：2014年2月25日

▲ 嫦娥三号巡视器月面巡视行驶路线图

图中标注：

直径约15m

直径约12m

直径约4.8m

直径约4.6m

直径约10.3m

直径约6.2m

直径约4.3m

N0103（A）

N0101（X） 起点

N0103（B）

☆着陆器

N0104（C）

N0105（D）

N0209

N0208

N0106（E/S1）

N0207

N0107（S2）

N0206 重置起点

石块

N0204

N0108（S3/N0200） 重置起点

N0203（E2）

N0201

N0202

N0203（E1）

图例

☆ 着陆点

◉ 定位点

—— 实际路径

截至目前，"玉兔号"月球车的伙伴——着陆器仍然在月面坚持工作，在每个月昼期间持续向地球传回探测数据，不断刷新着月面探测器工作时间的最长纪录，堪称五星级的"劳模"。

4.4.4　科技成果

嫦娥三号任务实现了我国首次地外天体软着陆探测，使中国成为继美国、苏联之后，第3个实现月球软着陆和巡视勘察的国家。这是我国在深空探测领域的重大突破，是我国航天事业新的里程碑，在人类攀登科技高峰的征程中刷新了"中国高度"。在科学探测方面，我国科学家利用探测到的第一手数据，取得了一批具有国际影响力的科研成果，在

"测月（月球探测）、巡天（巡天观测）、观地（对地观测）"三个方面均取得了显著的成绩。

1. 月球探测

科学家利用测月雷达获得的探测数据，发布了着陆区的三维地质模型图，这是当时世界上第一幅月球地质结构剖面图。科学家在月面以下330m的深度范围内发现了7个地质界面，这些地质界面可能代表了历史上不同期次由火山喷发形成的火山岩分界面；同时，在浅表月壤层内部也发现了分层的结构特性。此外，研究还发现嫦娥三号着陆区附近的岩石含有丰富的橄榄石和钛铁矿，是一种新型的月海玄武岩，这为研究月球晚期的火山活动和岩浆演化机制提供了新的信息。

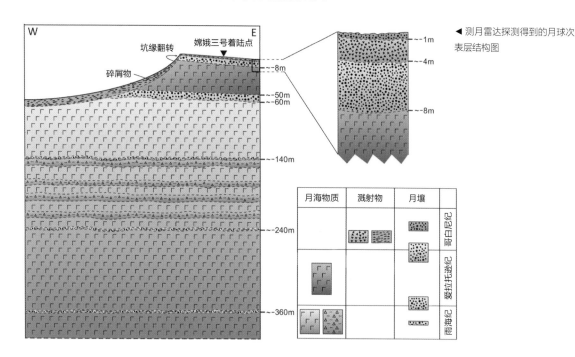

◀ 测月雷达探测得到的月球次表层结构图

2. 巡天观测

嫦娥三号探测器使得科学家首次将天文望远镜架设到了月球上，率先实现了真正意义上的月基天文观测。月基光学望远镜对亮度不低于13等的天体获取了连续的近紫外波段图像，推进了对致密星相互作用机制、类太阳色球活动及耀发机制中超大质量黑洞吸积过程等课题的研究。此外，它还带来了月球外逸层中水（羟基）密度上限的最新数值，这个数值比美国哈勃空间望远镜的探测值低了两个数量级，与理论预期值更为接近——从而修正了月球上存在大量水分子的说法。

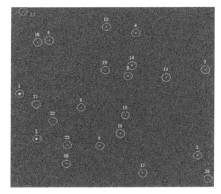

▲ 月基光学望远镜发现的 23 个天体目标

3. 对地观测

嫦娥三号探测器在月面利用极紫外相机，对地球空间的等离子体层实施了大视场、定点极紫外成像观测，这一探测同样是世界首次。科学家通过分析等离子体在磁暴发生后"再填充"的全过程数据，揭示了太阳活动对地球空间环境的影响，并确认了地球等离子体层的尺度与地磁活动的强度之间呈反相关，同时还提出了等离子体层的空间结构受到地球磁场和电场的约束及控制这一新观点。

▲ 极紫外相机（左）及其拍摄的地球等离子体图像（右）

知识小课堂：嫦娥三号探测器着陆点的命名

在流传千年的神话故事中，嫦娥抱着玉兔，生活在月球上的广寒宫。如今，嫦娥三号探测器携带着"玉兔号"月球车，着陆于月球虹湾地区，让这个跨越古今的神话成为现实。

既然"嫦娥"和"玉兔"已经来到月球，那"广寒宫"自然也必不可少。2016年1月，经中国国家航天局申请，国际天文学联合会正式将嫦娥三号探测器的着陆点命名为"广寒宫"，将周边的3个撞击坑命名为"紫微""天市"和"太微"。月球地理实体的命名，能从侧面反映出一个国家在探月方面取得的成绩，以及这个国家的综合实力和科技发展水平。

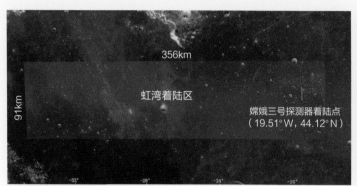

▲ 嫦娥三号探测器着陆点

▲ 着陆点周边以中国文化元素命名的地理实体

在月球上，无论是着陆点、环形坑、月溪，还是卫星坑和山脉，有不少都是以中国元素命名的。截至2022年6月，这样的地点共计35处，其中很多采用了中国古代的科学家、天文学家的名字命名，以纪念这些探索科学和宇宙的前辈。随着中国探月工程的稳步推进，我们相信，未来会有更多以中国元素命名的地点出现在月球上。

以中国元素命名的月球地理实体（截至2022年6月）

地貌分类	数量/个	名称
着陆点	3	广寒宫、天河基地、天船基地
环形坑	22	石申、张衡、祖冲之、郭守敬、万户、高平子、嫦娥、景德、蔡伦、张钰哲、毕昇、太微、紫微、天市、河鼓、织女、天津、裴秀、沈括、刘徽、宋应星、徐光启
月溪	2	万玉、宋梅
卫星坑	5	石申P、石申Q、张衡C、万户T、祖冲之W
山脉	3	泰山、华山、衡山

4.5. 嫦娥四号探测器：月背探秘创纪元

主要任务节点：
中继卫星发射时间：2018年5月21日
探测器发射时间：2018年12月8日
月球背面着陆与巡视时间：2019年1月3日

▶ 嫦娥四号探测器月面工作状态示意图

早在20世纪50年代，苏联就拍到了月球背面的照片。月球上有崇山峻岭，还有巨大的撞击坑，这些发现引起了科学家的浓厚兴趣，甚至有些人提出了疑问：月球背面会不会隐藏着外星人的秘密基地？

嫦娥三号探测器也有一个备份的"孪生姐妹"——嫦娥四号探测器。在落月任务获得一次成功之后，嫦娥四号探测器如何发挥更大的价值、获得更多的成果，成为科研人员关注的焦点。在中国国家航天局的组织下，科研团队按照"科学上有价值，工程上可实现"的原则，经过充分论证，确定了嫦娥四号任务实施方案：在月球背面着陆并开展科学探测。

嫦娥四号任务的工程目标是：实现人类首次月球背面软着陆，开展巡视勘察，同时首次实现地月L2点中继卫星对地球和月球的测控通信。其科学目标是：开展月基低频射电天文观测与研究，探测月球背面地形地貌和矿物成分，并对月球背面浅层结构进行勘察与研究。

知识小课堂：嫦娥四号探测器为什么选择探测月球背面？

月球在经过漫长的历史之后，已经被地球形成了"潮汐锁定"的状态，始终只有一面朝向地球。我们在地球上只能看见月球的这一面（也称为正面），无法看到另一面（背面）。在嫦娥四号探测器造访前，人类从来没有探测器在月球的背面进行过软着陆，我们已知的月球背面信息，都是由环绕月球飞行的探测器通过遥感探测方式得到的。

月球背面作为人类尚未抵达过的区域，比正面有着更古老、更密集、更巨大的撞击坑，对研究月球早期的撞击史和太阳系的演化过程，具有重要的科学价值。此外，月球背面也是一片难得的"清静"之地，因为月球的本体屏蔽了来自地球的无线电信号干扰，月球背面几乎成了开展月基低频射电天文观测的最佳天然场所。在月球背面，可以清晰地收到很多来自早期宇宙的信号，听到来自远古时代的宇宙之声。人类开展空间探索，就是为了探索未知，既然探测月球背面有如此高的价值，探索的意义就不言而喻了。

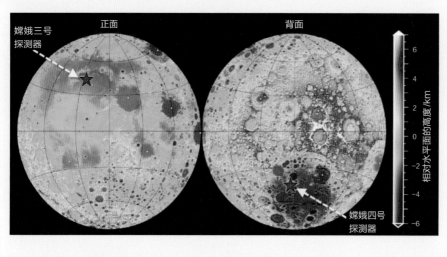

◀ 嫦娥三号探测器着陆区（正面）和嫦娥四号探测器着陆区（背面）

嫦娥四号探测器要在月球背面实现软着陆，必须选择一个合适的落脚点，也就是"着陆区"。科研人员综合考虑了科学探测价值、月面地形地貌、太阳光照和环境条件等因素，最终选择了月球背面中纬度地区的冯·卡门撞击坑。它位于月球背面的南极－艾特肯盆地（简称SPA，是太阳系中规模最大、最古老的撞击盆地之一），具有SPA的典型地形地貌特征和物质成分，地质年代也具有明显的代表性。对这一区域开展探测，可以更好地理解月球的地质演化史。

4.5.1 探测器方案

在月球背面既然无法"看到"地球，也就无法直接和地球通信，要实现通信就需要依靠中继卫星。因此，嫦娥四号任务除了着陆器、巡视器，还需要研制一颗中继卫星。该任务通过两次发射来实施：先发射中继卫星，它进入中继通信轨道后，完成中继通信前的准备工作；随后发射探测器（着陆器和巡视器），在月球背面预先选定的区域实现软着陆，然后在中继卫星的支持下，开展探测任务。

1. 中继卫星

嫦娥四号的中继卫星有一个非常浪漫的名字——"鹊桥"，这个名字十分形象，中继卫星的角色就是要在地面测控站与嫦娥四号探测器之间搭建一座信息互通的桥梁。中继卫星基于我国成熟的小卫星平台进行研制，质量约为450kg，在轨设计寿命为3年。

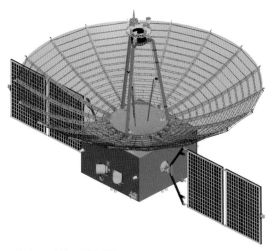

▲ 嫦娥四号中继卫星外形图

中继卫星平台由6个分系统组成，即星务管理、制导导航与控制、测控、电源、结构与机构、热控，有效载荷包括3个分系统，即中继通信、天线、科学与技术试验设备。从外形上看，它最大的特点是箱体顶部的"大伞"，这是一个直径达4.2m的高增益中继转发天线，可以实现在轨的高速数据通信，它呈伞状抛物面形状，发射时是收拢的，展开后则像一朵盛开的莲花。中继卫星发射入轨后，首先展开两侧的太阳翼。待它转移进入环绕地月L2点飞行的轨道后，完成通信链路的测试，并提供中继通信服务。

中继卫星在轨期间，除了完成中继通信任务，还携带了3台科学与技术试验设备用来开展科学探测，分别是激光角反射镜、地月观测相机，以及由中国和荷兰科学家合作研制的低频射电探测仪。

"鹊桥"中继卫星携带的科学与技术试验设备

设备名称	功能简介
激光角反射镜	开展地面台站和中继卫星之间的远距离激光测距试验
地月观测相机	获取高分辨率地月合影图像，观测月面，监视高增益中继转发天线、低频射电探测仪天线的展开过程
低频射电探测仪	获取低频射电巡天图像，监测行星的低频射电爆发现象，探测低频段太阳射电爆发的电场

2. 探测器

嫦娥四号探测器（着陆器和巡视器）基本保持了嫦娥三号探测器的设计方案，其主要的变化在于调整了部分有效载荷，总的发射质量仍为3 780kg。针对月球背面软着陆、中继通信、月夜测温等特殊任务，在系统方案上对着陆器和巡视器进行了适应性的改进与优化。

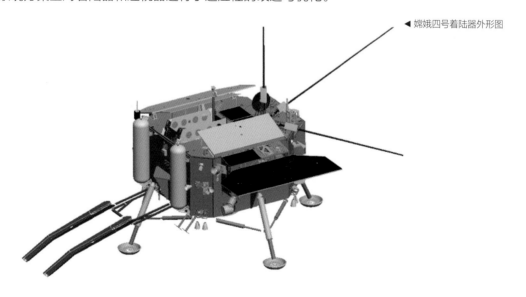

◀ 嫦娥四号着陆器外形图

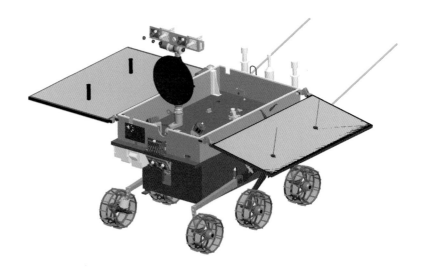

▶ 嫦娥四号巡视器外形图

人们知道月球上夜晚的温度非常低，但不清楚究竟低到什么程度，这在嫦娥四号任务之前从未被直接测量过，毕竟月面上的探测器要想顺利度过约14个月夜，为节约能源，需要关闭各种用电设备进入"休眠"状态。为了给月夜测温，嫦娥四号着陆器配备了新设计的月夜温度采集器，而它所需要的电能则来自同样新研制的同位素温差电池，最终测量得到了月表夜间最低温度为-196℃。

嫦娥四号巡视器也被称为"玉兔二号"月球车，科研人员对它进行了改进设计，从各种可能的原因入手，尽量规避了嫦娥三号巡视器遇到的问题，提升了其月面巡视工作的可靠性。

3. 有效载荷

嫦娥四号着陆器和巡视器各搭载4台有效载荷，数量与嫦娥三号探测器相同。其中，着陆器保留了原有的降落相机和地形地貌相机，增加了低频射电频谱仪、中国和德国科学家联合研制的月面中子及辐射剂量探测仪；巡视器保留了全景相机、测月雷达和红外成像光谱仪，增加了中国和瑞典科学家联合研制的中性原子探测仪。

嫦娥四号探测器携带的有效载荷

所在器	有效载荷	功能简介
着陆器	降落相机	在着陆过程中获取着陆区的地形图像
	地形地貌相机	获取着陆区的高分辨率彩色图像
	低频射电频谱仪	探测着陆区上空的月球电离层和太阳爆发产生的低频电场
	月面中子及辐射剂量探测仪	探测月面的中性粒子及辐射剂量，测量着陆器附近月壤中的羟基含量
巡视器	全景相机	获取巡视器周边的地形地貌图像
	测月雷达	探测月表的浅层结构
	红外成像光谱仪	探测月表矿物的化学成分和分布
	中性原子探测仪	测量太阳风和月面相互作用后产生的中性原子

嫦娥四号任务共有两台低频射电设备：一台安装在着陆器上，另一台安装在中继卫星上，这两台设备可以互相配合使用。其中着陆器上的低频射电频谱仪从外观上看是较为抢眼的：它使用3副独立正交的单极子射电天线，天线长约为5m，发射时处于压缩状态，探测器落月后才会弹出，每副天线都可以测量宇宙空间中的电场强度及其变化特征，揭示相应环境中电场强度的变化原因，比如来自太阳和行星的无线电辐射等。

4.5.2 技术创新与突破

嫦娥四号探测器研制面临诸多难题，例如月球背面无法直接对地通信、地形崎岖降落困难等，这些都没有可供借鉴的成功经验。科研团队通过集智攻关，逐一攻克了相应的关键技术，使我国的月球探测能力迈上了新的台阶。

1. 中继卫星轨道设计

嫦娥四号任务中，首要的难题就是为中继卫星选择合适的运行轨道。中继卫星需要同时满足多个方面的约束条件，比如太阳翼要面向太阳、中继天线要指向地球，还要兼顾执行月面探测任务的着陆器和巡视器，其引力场关系与控制模型十分复杂。科研团队通过搜寻和分析多种轨道，选定了进行月球背面中继通信的理想方案——环绕地月L2点的Halo轨道。中继卫星在这条轨道上的运行周期约为14.5天，可以保证始终运行在月球背面的上空，为中继通信提供良好的空间几何条件。值得一提的是，鹊桥卫星也是国际首颗运行在地月L2点Halo轨道的卫星。

2. 地月中继通信

运行在绕地月L2点轨道的中继卫星，距离地球最远约$4.5×10^5$km，距离月球背面的探测器最远也有$8×10^4$km。它相当于是在地月L2点建立的一个测控站，由于运载火箭的约束，中继卫星的大小、重量、天线口径会受到严格的限制，这就要求重点解决中继体制、高增益中继天线设计等难题，为此研制团队采取了两方面的策略。

▼ 嫦娥四号任务中继链路示意图

中继卫星

返向数据传输（X频段）

下行遥测/测距/差分单向测距/数据传输（S/X频段）

前向遥控（X频段）

返向数据传输（X频段）

上行遥控/测距（S/X频段）

前向遥控（X频段）

器间数据传输（UHF频段）

巡视器

下行遥测/测距/差分单向测矩（X频段）

着陆器
着陆前采用对地链路通信
着陆后通过中继链路通信

上行遥控/测距（S/X频段）

地面站

"硬手段"——高增益大口径中继天线。与地球同步轨道上的中继卫星相比，"鹊桥"中继卫星与地球之间的最远距离是其飞行高度的12.5倍，与月面探测器之间的最远距离是其2.2倍。中继通信天线的尺寸在很大程度上决定了卫星信号的强度，是中继通信链路的重要性能指标。为此，科研人员研制了口径为4.2m的高增益抛物面中继天线，实现了地月之间的高速数据中继通信。这也是迄今为止人类探月任务中采用的最大口径通信天线。

知识小课堂：地月拉格朗日点与中继通信轨道选择

地球和月球之间也存在着5个相对保持静止状态的平动点，分别标记为L1、L2、L3、L4和L5。其中的L2点恰好处在地月连线的延长线上，在月球背面的外侧，距离月球约65 000km。在地月L2点工作的中继卫星可以始终朝向月球的背面，但在对地通

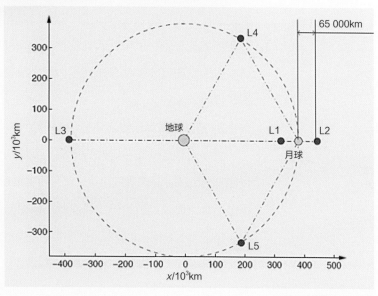

▲ 地月拉格朗日点分布图

信时又会被月球遮挡，因此科研人员选择了围绕地月L2点飞行的Halo轨道。

Halo轨道的形状与常规的卫星轨道不一样，它是一条不规则的三维曲线，轨道控制异常复杂。但是这条轨道的优势很明显：第一，卫星可以借助月球的引力进入这条轨道，所需要的推进剂远少于近月制动时消耗的数量；第二，它可以不间断地提供地月中继通信服务，比起环绕月球飞行的轨道，提供的测控时长更长；第三，在这条轨道上，卫星除每年被地球短时间遮挡两次之外，其余时间均具有良好的光照条件。

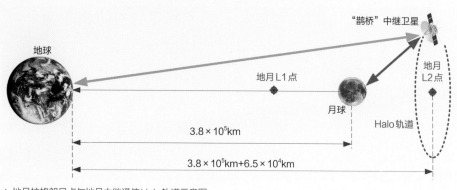

▲ 地月拉格朗日点与地月中继通信Halo轨道示意图

"软方法"—信道编码提高码速率。远距离的数据传输，不仅需要增加天线的口径和增大发射的功率，还可以通过适当的信道编码来提高增益。据此，科研人员设计了"再生转发"中继通信方案：这种方案不同于我国现有的地球中继通信链路，没有采用"射频直接变频转发"的方案，而是在接收信息并解调后，再进行调制和发射，显著提高了信道的码速率。

3. 月球背面高精度自主避障着陆

嫦娥三号探测器在月球正面成功着陆，并不意味着在月球背面着陆也能一帆风顺。月球背面南极－艾特肯盆地的地形更为复杂崎岖，撞击坑更加密集，很难找到理想的着陆点。科研人员综合分析了月球背面的地形、光照和测控等条件，在经过多轮筛选和分析后确定了嫦娥四号的着陆区——冯·卡门撞击坑，它的面积仅为嫦娥三号探测器着陆区的5%。嫦娥三号探测器下降轨迹下方的地形起伏为3km，但在嫦娥四号任务中增大到了7km。这些环境条件的变化，对嫦娥四号探测器的安全着陆提出了更高的要求。

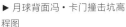
▶ 月球背面冯·卡门撞击坑高程图

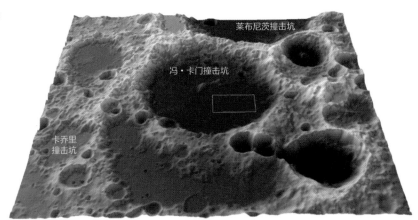

安全着陆的一个必要前提是在着陆前获取着陆区的高精度地图。这时候，嫦娥二号卫星等先前获取的高精度月球背面影像和激光测高数据"大显身手"，科研人员利用这些数据，为南极－艾特肯盆地建立了最高分辨率优于1m的高精度数字模型，并在此基础上选定了着陆点。

由于月球背面地形的起伏剧烈，这为制定着陆控制策略带来了很大的困难。针对这种特殊状况，科研人员设计了一种"垂直接近轨迹"的动力下降方案，有效地消除了地形变化剧烈带来的不利影响。探测器在下降过程中全程进行自主控制，通过微波雷达、激光雷达和光学相机，实现了自主接力测量与避障。

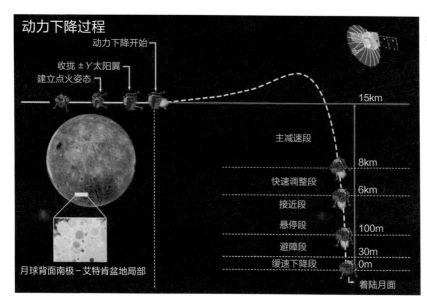

◀ 嫦娥四号探测器月面着陆过程示意图

4.5.3 飞行过程

1. 搭建"鹊桥"

2018年5月21日5时28分，"鹊桥"中继卫星由长征四号丙运载火箭从西昌卫星发射中心送入地月转移轨道；5月25日，到达月球附近。与以往探测器实施的近月制动不同，"鹊桥"中继卫星从距离月面100km处飞掠而过，顺利进入了从月球通往地月L2点的转移轨道。6月14日，在经过5次精准的轨道机动后，"鹊桥"中继卫星顺利进入了环绕地月L2点运行的Halo轨道，开始提供中继通信服务，为嫦娥四号探测器架起了一座贯通天地的"鹊桥"。在此之后，它携带的各类科学与技术试验设备相继开机，开展科学探测和技术试验工作。

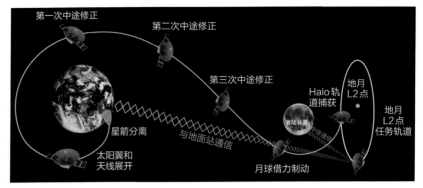

▲ 嫦娥四号中继卫星飞行过程示意图

截至2022年12月，"鹊桥"中继卫星已经超出设计寿命1年多，仍在轨道上兢兢业业地工作，将嫦娥四号着陆器和巡视器获得的探测数据源源不断地传回地球。

2. 再访月宫

2018年12月8日，嫦娥四号探测器由长征三号乙运载火箭发射送入地月转移轨道。12月12日，探测器在经过4天的飞行后抵达月球附近，7 500N发动机随即点火，实现了近月制动。探测器成功被月球捕获后，进入了近月点约100km的环月轨道，随后在12月15日和12月26日实施了两次环月修正，完成着陆下降前的轨道调整。

▶ 嫦娥四号探测器飞行过程示意图

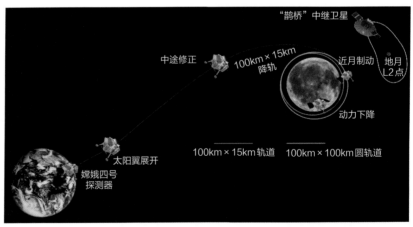

2018年12月30日，嫦娥四号探测器完成了着陆前的降轨飞行。2019年1月3日，探测器开始动力下降，在经历687s的主减速、快速

调整、接近、悬停、避障和缓速下降等环节后，于10时26分安全到达位于冯·卡门撞击坑的预选着陆区，实现了人类探测器首次在月球背面软着陆，着陆精度为0.9km，达到了当时国际先进水平。

着陆月面后，嫦娥四号探测器在"鹊桥"中继卫星的"牵线搭桥"下，传回第一张近距离的月球背面图像。此后，探测器上的太阳翼和各种有效载荷先后开机工作，由我国科学家自主研制的低频射电频谱仪3副天线也都正常展开到位。

▲ 嫦娥四号探测器拍摄到的人类第一张月球背面近距离图像

3. 月背探秘

2019年1月3日22时22分，在地面人员的精心控制下，嫦娥四号巡视器——"玉兔二号"月球车的太阳翼与桅杆机构相继展开，并与着陆器顺利完成解锁与分离，留下了在月球背面的第一条行驶印迹，随后与着陆器互相拍照，记录下了极具纪念意义的精彩瞬间。

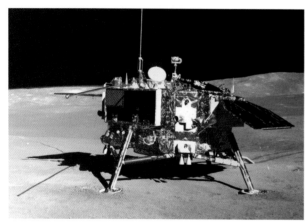

▲ 巡视器全景相机拍摄的着陆器

▲ 着陆器地形地貌相机拍摄的巡视器

2019年1月11日，在完成测试工作后，着陆器、巡视器及中继卫星均状态良好，各种有效载荷的探测数据均能正常下传，实现了既定的工程目标，嫦娥四号任务至此转入科学探测阶段。截至2022年12月，嫦娥四号着陆器和巡视器已在月球背面稳定工作了50个月昼，均超出设计寿命，目前仍然十分"健康"，将获取更多的探测数据。"玉兔二号"

月球车已在月面行驶约1 455m，途中发现了多处形成于月球不同历史时期的地形地貌，并成为有史以来在月球上工作时间最长的月球车。

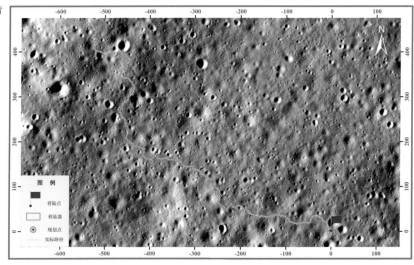

► "玉兔二号"月球车在月球背面的行驶路线图

知识小课堂：嫦娥四号探测器着陆点——天河基地

2019年2月4日，经中国国家航天局申请，国际天文学联合会批准，嫦娥四号探测器的着陆点被命名为"天河基地"。这是继当年阿波罗11号的着陆点被命名为"静海基地"之后，月球地名中出现的第二个"基地"。与此同时，着陆点周围的3个撞击坑分别被命名为"织女""河鼓"和"天津"，而着陆点所在的冯·卡门撞击坑内的中央峰被命名为"泰山"。这些源于中国的命名方案被批准，反映了各国天文学家和深空探测专家对嫦娥四号任务辉煌成就的高度认可。

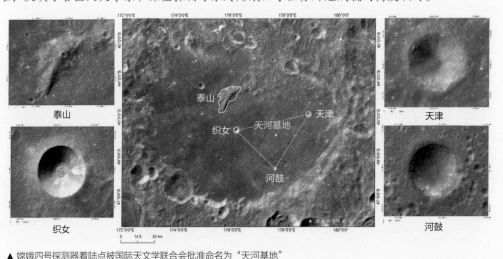

▲ 嫦娥四号探测器着陆点被国际天文学联合会批准命名为"天河基地"

4.5.4　科技成果

从"替补"到"先锋"，嫦娥四号探测器完成了"华丽转身"，实现了人类首次月球背面软着陆与科学探测，揭开了古老月球背面的神秘面纱，在人类探月史上树立了新的丰碑。嫦娥四号任务圆满完成后，中共中央、国务院、中央军委发来贺电，贺电中提出了"追逐梦想、勇于探索、协同攻坚、合作共赢"这一具有时代特征的探月精神——这是对中国月球探测工程奋斗历程最好的概括。

嫦娥四号探测器从月球背面获取了大量的探测数据，帮助我国科学家取得多项原创性研究成果。

在月球背面的地质结构研究方面，科学家研究了着陆区地层的剖面情况，分析了其中多期次溅射物之间的覆盖关系，首次揭示了着陆区地下40m深度之内的地质分层结构。这一成果显著深化了科学家对月球遭受撞击的历史和月球火山活动史的理解，为研究月球背面的地质演化过程带来了新的启示。

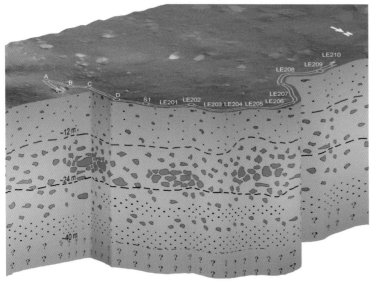

◀ 嫦娥四号探测器着陆区地下分层结构示意图

在月背矿物组分研究方面，科学家发现，嫦娥四号探测器的着陆区以富含橄榄石和低钙辉石的镁铁质物质为主，这类矿物通常形成于较

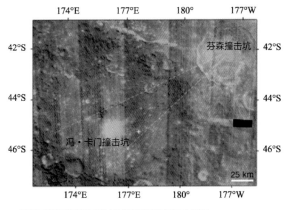

174°E 177°E 180° 177°W

42°S 42°S

芬森撞击坑

44°S 44°S

46°S 46°S

冯·卡门撞击坑

25 km

174°E 177°E 180° 177°W

▲ 嫦娥四号探测器发现的月球早期演化证据分析图

深的月幔部分，这与月球正面的月海区域明显不同。科学家推断，嫦娥四号探测器发现的矿物组合很可能是来自冯·卡门撞击坑东北部的芬森撞击坑的溅射物。芬森撞击坑在大约35亿年前，由小天体撞击南极－艾特肯盆地形成。小天体的撞击使得月面以下的深层物质向四周溅射，其中一部分就落在了冯·卡门撞击坑的平原上。嫦娥四号探测器的这一发现，为研究月球早期演化史提供了重要的证据。

在月背空间环境探测方面，月表中子与辐射剂量探测仪首次测得了月面的辐射剂量。分析数据发现，月面的辐射剂量约为地球表面的200倍。中性原子探测仪在月面观测了能量中性原子（ENA），实现了月球微磁层遮挡效应的首次月面探测，并利用ENA的能量变化得到了月球微磁层内部静电势，更新了科学家对粒子与磁异常相互作用的认识。这一研究成果对揭示太阳风、地球风与月表相互作用的微观物理机制具有重要的参考价值。

值得一提的是，在嫦娥四号任务中，中国积极尝试月球探测新模式，与多个国家开展了具有重大意义的国际合作。嫦娥四号探测器搭载了来自德国、瑞典、荷兰和沙特阿拉伯的4台国际有效载荷，拉开了我国重大航天科技工程全方位、多形式、深层次开放合作的大幕。

嫦娥四号任务在国际上受到广泛的关注和赞誉。嫦娥四号任务团队获得了国际宇航联合会2020年度最高奖——"世界航天奖"、英国皇家航空学会2019年度全球唯一的团队金奖、美国航天基金会2020年度航天唯一金奖等荣誉。这些国际奖项都是首次颁发给我国，中国航天在国际上的影响力显著提升。

知识小课堂：月宫种菜记

早在嫦娥四号任务研制工作启动之际，我国便开展了征集科普载荷创意设计方案的活动，活动的主题为"激发探索热情，鼓励大众创新"。最后，"生物实验载荷"从257个应征项目中脱颖而出，成功搭载在嫦娥四号探测器上，开启了一段"月宫种菜之旅"。我们知道，月面没有大气，夜昼温差较大，还有低重力、长时间辐射等特殊环境，在这里种菜无疑是一项巨大的挑战。同时由于资源有限，搭载设备的重量和大小也都受到严格的限制。因此，最终成行的"生物实验载荷"直径仅16cm，高18cm，重约2.6kg，是一个不太大的"罐子"，但它的内部除了棉花种子、拟南芥等6种生物样本，还有水、土壤、空气和热控设施等，外加两台记录生物生长状态的相机。

▲ 嫦娥四号探测器上的"生物实验载荷"

▲ "生物实验载荷"中长出的棉花嫩芽

2019年1月3日，伴随着嫦娥四号探测器安全着陆，"生物实验载荷"开始加电运行。当日23时48分，地面控制中心向它发送了"放水"指令，载荷内部的种子和虫卵结束休眠状态，开始生长发育。1月5日20时，种子已经发育为胚根。在随后传回的图片中，可以清晰地看到棉花种子发芽，还长出了绿绿的叶子——这是人类首次成功在月球上的密闭环境中培育出植物的嫩芽，为未来人类在月球上建立永久性科研基地、解决月面长期生存问题进行了有益探索。

4.6. 嫦娥五号飞行试验器：探路先锋解难题

主要任务节点：
发射入轨时间：2014年10月24日
再入返回时间：2014年11月1日

▶ 嫦娥五号飞行试验器飞行状态示意图

在嫦娥五号探测器执行月球采样返回任务之前，有一项技术是必须掌握的——高速再入返回地球技术。绕地球飞行的载人飞船再入大气层时，返回舱的速度为7.8km/s；与之相比，月球探测器的返回器从月球返回时的速度会达到10.66km/s，已经接近11.2km/s的第二宇宙速度，返回器再入地球大气层时，会面临极为严酷的气动力环境和气动热环境。更关键的是，这种环境在地面试验中是无法进行模拟的，必须通过实际的在轨飞行来进行验证，只有确认技术成熟，才可以放心地执行嫦娥五号任务。嫦娥五号飞行试验器的任务，就是验证与高速再入返回地球相关的一系列关键技术，如气动设计、结构热防护、再入返回控制等。因此可以说，飞行试验器就是嫦娥五号任务的"探路先锋"。

4.6.1 飞行试验器方案

嫦娥五号返回器并不具备长期独立飞行的能力，它将在环月轨道上接收月球样品，再搭乘能在地月之间飞行的轨道器回到地球大气层。但是在这次飞行试验任务中，并没有研制轨道器，为了让试验用的返回器获得高速再入地球大气层的条件，科研人员给它配备了一个技术状态相对成熟的专用服务舱。

嫦娥五号飞行试验器由服务舱和返回器两部分组成，总质量约为2 450kg，其中服务舱质量为2 120kg，返回器质量为330kg，整器高度约4.2m。返回器位于服务舱顶部，通过连接/解锁机构与服务舱相连。舱器分离前，二者以组合体的形式联合飞行；舱器分离后，返回器会再入地球大气层，服务舱留在绕地球飞行的轨道上，继续开展其他飞行任务。

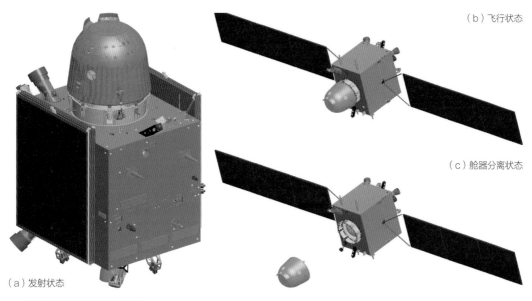

（b）飞行状态

（c）舱器分离状态

（a）发射状态

▲ 嫦娥五号飞行试验器构型示意图

1. 服务舱

服务舱就像一辆往返于地球和月球之间的运输车，负责搭载返回器完成绕月飞行，并将其送回到地球附近，途中需要提供电源供应、测控通信、轨道和姿态控制等保障功能。为了更好、更经济地完成任务，服务舱是以嫦娥二号卫星平台为基础研制的，并进行了改进设计，顶部增加了支撑返回器用的支架。服务舱携带有1 100kg推进剂，可以支持大范围的轨道机动。

服务舱沿着月地转移轨道返回地球时，会在离地面约5 000km时与返回器分离，将其按照特定的姿态送入地球大气层。此后，服务舱会调整飞行轨道，继续执行后续的拓展任务。

2.返回器

返回器的任务是携带模拟的月球样品返回地球，并在预定的区域着陆。它采用了钟罩侧壁加球冠大底的外形，高度和直径均约为1.25m。它分为前端、侧壁、大梁、大底4个部分，其中前端安装有用来存放月球样品的样品舱，大梁和侧壁内部安装有各种电子设备和推进系统部件。它的外表为防热结构，用来应对再入地球大气层时严酷的气动热环境。

返回器虽然外形娇小，但所需的各项功能却一应俱全，包括气动防热、测控通信、再入返回控制、回收减速及无线信标等。科研团队在研制过程中采用了一系列新材料、新工艺、新方法，实现了轻小型化设计。

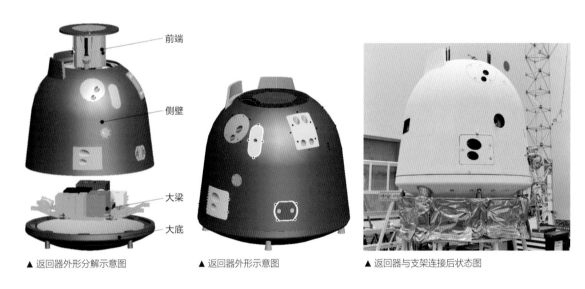

前端
侧壁
大梁
大底

▲ 返回器外形分解示意图　　　　▲ 返回器外形示意图　　　　▲ 返回器与支架连接后状态图

4.6.2　技术创新与突破

与近地轨道上的再入返回飞行器相比，嫦娥五号返回器再入速度很高，遇到的气动力环境和气动热环境也恶劣得多。要想实现对返回器的安全回收，就必须将其巨大的能量耗散掉。为此，科研人员攻克了超高速条件下气动外形设计、结构热防护、跳跃式再入返回控制等多项关键技术。

1. 气动外形设计

返回器再入地球大气层时的速度达到10.66km/s，而且在60km以上的高空长时间飞行，会导致返回器周边的绕流场十分复杂，对返回器的气动力特性和气动热特性产生显著的影响。

◀ 返回器再入地球大气层飞行状态模拟图

一般来说，飞行器的气动特性主要取决于它的气动外形。再入返回式飞行器的气动设计是公认的航天领域尖端技术之一。嫦娥五号飞行试验器返回器选用了类似神舟飞船返回舱的气动外形，体积为原来的1/8，虽然有一定的研究基础，但它的气动特性更复杂，控制难度也明显增加。科研人员通过对比多种方案，借助仿真分析和风洞试验，优化了返回器的气动外形参数，涉及的计算状态和试验状态超过2万个，保障了返回器的气动特性良好，使其能够在再入过程中稳定飞行。

◀ 优化后的返回器气动外形（左）及大涡模拟流线图（右）

2. 结构热防护

嫦娥五号飞行试验器的返回器再入地球大气层时会与大气高速摩擦，导致其表面产生近3 000℃的高温，热流密度最大为5.2MW/m²，总加热量达715MJ/m²，以往的防热结构无论在防热性能上，还是在材料密度上，都无法满足新的要求。为此，需要研制新型的防热材料和防热结构。

科研人员通过细致的研究，成功研发了7种新型、轻质防热材料，其中防热材料FG4的密度低至0.4g/cm³，仅为水的2/5。所有这些材料都按照在轨飞行的条件通过了严格的考核，如强度测试、烧蚀性能试验等。

防热结构，是一种利用防热、耐烧蚀的材料制成的防护结构，可以有效抵御外部的热流，其工作原理是让防热材料在气动热流作用下分解、熔化、蒸发或升华，在这些材料耗散的同时会带走大量的热量，从而减少传入返回器内部的热流。

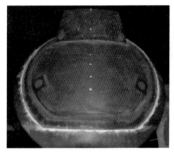 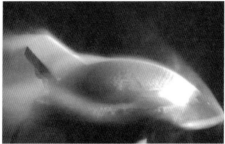 

（a）舱盖烧蚀前的状态　　　　　（b）舱盖在烧蚀试验过程中的状态　　　　　（c）舱盖烧蚀后的状态
▲ 返回器舱盖防热结构烧蚀前后形貌对比图

▶ 返回器侧壁防热结构

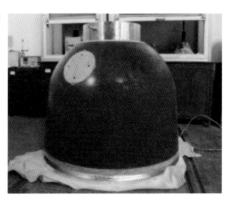

为了进一步降低结构的重量，科研人员还为返回器进行了"量体裁衣"：根据不同部位受到的热流条件选择适合的防热材料和结构形式，这样既满足了防热和隔热要求，又实现了结构的轻量化。

返回器在地面着陆时速度大约为13m/s，在有风的情况下还会存在一定的水平速度。为了保证落地后返回器内设备状态完好，防热结构还需要承担着陆缓冲的作用。为此，科研人员开展了地面着陆冲击试验，试验时返回器被固定在塔架的摆杆上，通过调节摆杆的高度和角度，并在预定的位置释放返回器，就可以控制返回器着陆时的垂直速度和水平速度。

◀ 返回器着陆冲击试验场景图

3. 跳跃式再入返回控制

返回器从再入地球大气层开始，要飞过6 000多千米的航程才能到达着陆点，这也使它成为"再入航程"最长的飞行器。返回器自身调整飞行弹道的能力较弱，还容易受到大气环境偏差的影响，这些都对其安全着陆带来了很大的挑战。

为了使其在长距离飞行后精确回到着陆点，科研人员提出了一种大胆的技术方案——半弹道跳跃式再入返回。这种返回方式就好比让返回器在大气层中打一个"太空水漂"：返回器先以一个较小的角度进入大气层，在大气的阻力下实现首次减速，随后借助大气的升力跃出大气层，此时它的速度将不足以再次飞离地球，会在自由飞行一段时间后再次进入大气层。在大气层中飞行时，返回器可以通过调整滚转角度来控制升力，进而调整飞行轨迹，尽可能精确地抵达着陆点。

与一次再入地球大气层相比，跳跃式再入返回方案有两个优势：一是能显著降低气动力环境和气动热环境条件；二是延长飞行航程，实现更精确的着陆与回收。

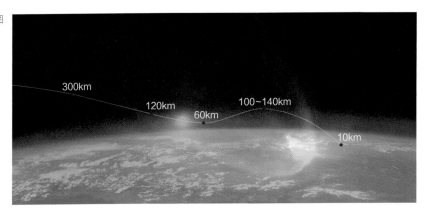

300km
120km
60km
100~140km
10km

返回器到达预定的着陆区，会在距离地面约10km处弹出降落伞，利用降落伞进一步减速，最后以规定速度安全落地。随后，返回器发出无线信标信号，引导地面人员搜寻和回收。

▶ 返回器着陆过程示意图

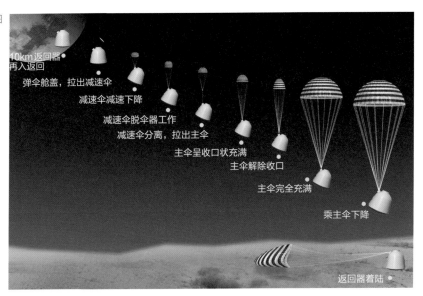

10km 返回器
再入返回
弹伞舱盖，拉出减速伞
减速伞减速下降
减速伞脱伞器工作
减速伞分离，拉出主伞
主伞呈收口状充满
主伞解除收口
主伞完全充满
乘主伞下降

返回器着陆

4.6.3 飞行过程

2014年10月24日2时，嫦娥五号飞行试验器在西昌卫星发射中心搭乘长征三号丙运载火箭升空，准确进入了地月转移轨道，朝月球飞去。飞行过程中实现了"地月自由往返、精准再入回收"，同时还完成了多项飞行拓展试验任务。

1. 地月自由往返

嫦娥五号飞行试验器采用了"地月自由返回轨道"，所谓地月自由往返，是要最大限度利用天体运动的物理规律来实现往返飞行。这次试验任务与我国此前月球探测任务的不同之处在于，飞行试验器没有进入环月飞行轨道，而是从距离月球1.2×10^4km的地方飞掠而过，利用月球引力实现了一次近$180°$的大转弯，随后进入返程轨道。这种轨道精妙地利用了地球、月球和飞行试验器三者之间的相对运动关系，颇像中国功夫中的"借力打力"。飞行试验器除了进行必要的轨道修正外，几乎不需要进行大范围的轨道机动，从而大大节省了推进剂。

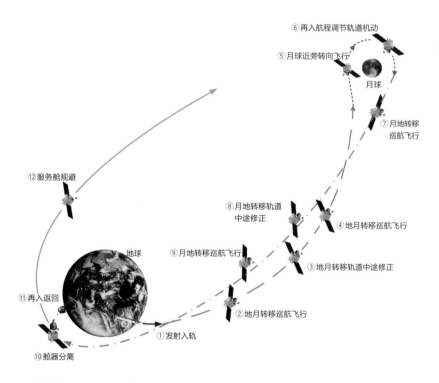

⑥再入航程调节轨道机动

⑤月球近旁转向飞行

月球

⑦月地转移巡航飞行

◀ 嫦娥五号飞行试验器地月往返飞行过程示意图

⑫服务舱规避

⑧月地转移轨道中途修正

④地月转移巡航飞行

⑨月地转移巡航飞行

地球

③地月转移轨道中途修正

⑪再入返回

②地月转移巡航飞行

⑩舱器分离

①发射入轨

嫦娥五号飞行试验器在地月转移阶段一共进行了两次中途修正，随后于10月27日11时飞抵月球，进入月球的"引力圈"（即受月球引力影响较强的空域），开始在月球近旁转向。次日19时，飞行试验器完成月球近旁转向，进入月地转移轨道踏上了回程。它在月球附近还对月球、地球进行了多次拍摄，获取了清晰的地球、月球以及"地月合影"图像。

（a）回望地球 　　　　　　　　　　（b）地月合影

▲ 飞行试验器搭载相机在轨成像图

2. 精准再入回收

2014年11月1日，嫦娥五号飞行试验器在经过8天的飞行后，回到地球附近。在距离地面约5 000km时，服务舱与返回器解锁分离，随后，服务舱转入飞行拓展任务轨道，返回器则依靠自身的惯性继续飞行。当日5时50分，返回器再入地球大气层，开始减速，在下降至距地面63km之后，借助气动力上升并跳出大气层，随后经过10min左右的自由滑行，第二次再入地球大气层。通过精确的弹道控制，返回器准确到达了距离地面10km的预定开伞点并弹出降落伞。6时42分，它安全着陆在四子王旗航天着陆场，嫦娥五号再入返回飞行试验任务取得圆满成功。

▶ 返回器落地后场景

知识小课堂：为什么嫦娥五号返回器选择四子王旗航天着陆场？

　　返回器的着陆场可不是随便选取的，而是有着严格的限制条件。首先，它和返回器在再入地球大气层之前的飞行轨道密切相关，其次，一般需要满足下述基本条件：一是要在返回器飞行弹道的下方；二是要有较为开阔的区域，万一返回器的落点偏差较大也能应对；三是周围地形要比较平缓，保证返回器落地平稳，也便于进行搜寻和回收处置。

　　四子王旗航天着陆场位于我国内蒙古自治区呼和浩特以北100km左右的阿本古郎大草原，这里平均海拔1 000~1 200m，地势平坦开阔，没有大的河流、湖泊和建筑物，全年干燥少雨，以畜牧业为主，人烟稀少，很少有大的障碍物，是十分理想的着陆区。综合以上条件，嫦娥五号飞行试验器的返回器着陆场就选择了这里。

▲ 秋冬时节的四子王旗航天着陆场草原

3. 飞行拓展试验

　　服务舱在将返回器安全送回地球后，自身状态良好，随后通过发动机点火实现了轨道的提升，从地球附近飞掠而过。随后，它进入了环绕地月L2点的利萨如轨道，其间完成了多项拓展试验。

　　2015年1月11日，服务舱又回到月球，进入环月飞行轨道，先后完成了月球轨道交会对接远程导引试验、小型化星敏感器验证试验等任务。它还对嫦娥五号在月面的预选着陆区拍摄了分辨率优于1m的地形地貌遥感图像，这些图像协助科研人员选定了嫦娥五号采样的区域。这一系列拓展任务的成功实施，为此次飞行试验增添了靓丽的一笔。

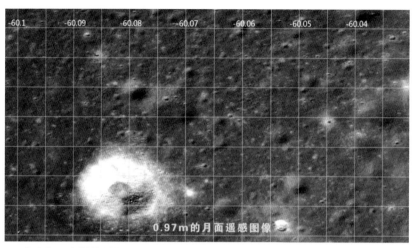

▲ 飞行试验器服务舱拍摄的嫦娥五号预选着陆区遥感图像

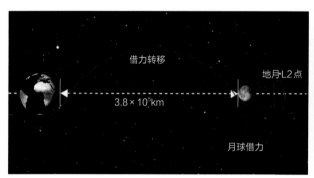

▲ 服务舱进入环绕地月L2点的利萨如轨道

▲ 服务舱在地月L2点拍摄的地月合影（多次合成）

4.6.4　科技成果

嫦娥五号再入返回飞行试验任务，以返回器高精度的安全返回取得了圆满成功，着陆精度处于当时国际先进水平，为嫦娥五号正式任务的顺利实施奠定了坚实的基础。科研人员还利用这次任务中难得的机会，对多项新技术进行了在轨飞行验证，主要包括：

● 完成了GNSS导航信号定位系统的在轨验证，在弱导航卫星信号条件下实现了连续自主导航，将导航卫星信号的可用范围拓展至

50 000km，为高轨卫星的测轨和定轨提供了新的技术手段；

● 完成了新型星载片上控制计算机（SOPC）的在轨验证，实现了控制计算机的轻小型化，验证了SOPC技术对空间环境的适应性；

● 完成了小型星敏感器、双分辨率相机的在轨验证，实现了星敏感器的小型化和工业级元器件的在轨应用；

● 利用服务舱成功实现了地月L2点的探测，掌握了地月L2点轨道飞行控制技术。

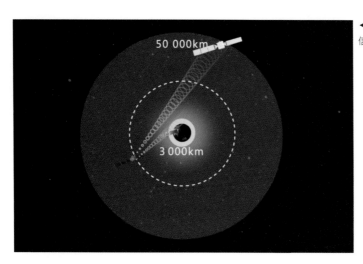

◀ 飞行试验器利用弱导航卫星信号进行飞行导航原理图

4.7 嫦娥五号探测器：蟾宫取宝揽月还

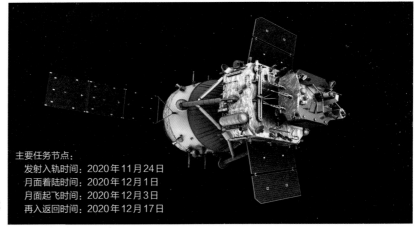

主要任务节点：
发射入轨时间：2020年11月24日
月面着陆时间：2020年12月1日
月面起飞时间：2020年12月3日
再入返回时间：2020年12月17日

▶ 嫦娥五号探测器在轨飞行状态示意图

　　嫦娥五号探测器任务目标十分明确，就是实现探月工程"三步走"发展规划的最后一步——"回"。它要在月面采集月壤样品，并将其安全地带回地球，为科学家分析月壤的成分和物理特性创造条件；同时对着陆区进行地形地貌探测和地质勘察，获取与月球样品相关的背景数据，为地面研究工作提供参考。

　　嫦娥五号探测器的采样地点选在了月球正面风暴洋西北部的吕姆克山，这是一座高耸、孤立的山丘，最高处比周围的平原高出1100m，它形成于远古时期月球火山大量喷发的阶段。在这个区域，铀、钍、钾等放射性元素含量较高，人类还从未获得过这里的月壤样品。因此，对这一区域的样品开展研究，有利于增进对月球形成阶段演化史的认知，填补月球神秘画卷中的又一段空白。

4.7.1 探测器方案

与前几次任务中的探测器不同，嫦娥五号探测器由多个"器"组成，规模更加庞大，飞行过程更为复杂。探测器采用组合式设计方案，自下而上分为轨道器、返回器、着陆器、上升器4个部分，像糖葫芦一样"串"在一起，总质量达到8 200kg，高度为7.15m。发射入轨后，轨道器和着陆器会先后展开各自的太阳翼，两器的太阳翼呈十字交叉构型。

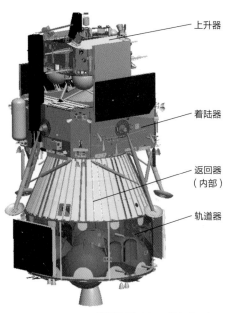

▲ 嫦娥五号探测器系统组成示意图

上升器

着陆器

返回器
（内部）

轨道器

整个采样返回任务是由各器接力完成的，它们在任务的不同阶段分别承担不同的使命。其中，轨道器与返回器构成了轨道器和返回器组合体，主要充当"快递员"的角色——它们要承载各器实现环月飞行，在接收到样品后进入月地转移轨道，最终由返回器将样品带回地球；着陆器与上升器构成了着陆器和上升器组合体，主要充当"采样员"的角色——它们要从环月轨道上降落到月面，完成样品的采集和封装，再由上升器携带样品回到环月轨道，将样品交付给轨道器和返回器组合体。

1. 轨道器

轨道器是这次任务中的"运输车"，主要负责地球与月球之间的往返运输，还要负责与上升器的交会对接和样品转移。轨道器又可细分为3个舱段，分别是上部的支撑舱、内部的对接舱和下部的推进舱。其中，支撑舱负责在"整器飞行"（也就是4个"器"一起飞行）的状态下，让着陆器和上升器组合体连接在轨道器上。对

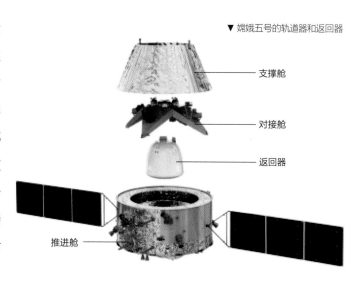

▼ 嫦娥五号的轨道器和返回器

支撑舱

对接舱

返回器

推进舱

接舱会在轨道器和返回器组合体和上升器交会对接时发挥作用，以便完成月球样品的转移。推进舱会在飞行过程中，提供信息管理、能源供应、测控通信、姿态和轨道控制等保障功能。轨道器是嫦娥五号探测器的4个"器"中飞行距离最远、工作时间最长的，为此，其推进舱要在"大肚子"（圆柱段）内部安装4个大容量贮箱，携带多达3 000kg的推进剂。轨道器的底部还安装有3 000N发动机，为它在地球和月球之间往返提供动力保证。

2. 返回器

返回器是月球样品的"守护神"，也是整个任务的"最后一棒"，负责在环月轨道上接收装有月球样品的容器，并将它安全带回地球。这个返回器与此前的"嫦娥五号飞行试验器"的返回器状态一致，也采用跳跃式再入返回技术。返回器的前端，是安放样品容器的地方，那里准备了一个专用的样品舱，其舱门采用防热材料制作。为了方便接收样品，在探测器发射时，样品舱的舱门是打开的，只有在接收到样品之后才会关闭。有了这道舱门的保护，样品容器就不再受返回器再入地球大气层时的气动热环境影响。

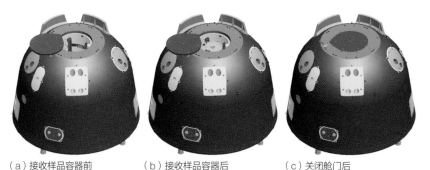

（a）接收样品容器前　　　　　（b）接收样品容器后　　　　　（c）关闭舱门后

▲ 返回器接收样品容器前后状态示意图

3. 着陆器

着陆器是整个任务中的"挖矿机"，主要负责承载上升器，与它一起在月面着陆，完成对月球样品的采集和封装，并开展其他科学探测任务。嫦娥五号着陆器是在嫦娥三号着陆器的基础上改进设计的，仍旧采用八棱柱式的结构外形，但取消了外部的3个小舱。着陆器顶部的支架用来安装上升器，顶面的南北两侧分别安装有表取采样机械臂和钻取采样装置，这使得它能够有两种方式从月面获取样品——表面采样（表取）和钻进采样（钻取）。

◀ 着陆器和上升器组合体着陆月面后状态示意图

4. 上升器

上升器是月球样品的"摆渡车"，主要负责带着月球样品由月面起飞，重新进入环月轨道，与轨道器交会对接，并将样品送至返回器中。上升器采用八棱柱形状的箱板式结构，内部以十字隔板为主传力结构，底部则通过上升器支架与着陆器相连。

上升器的顶部安装有样品容器、对接机构、制导导航与控制分系统的姿态测量敏感器，还有交会对接敏感器；侧板上安装了两副可展开式太阳翼，展开后总长度为7.54m；底板上装有4个推进剂贮箱和1台3 000N发动机，能将上升器由月面送入环月飞行轨道。

▲ 上升器入轨后太阳翼展开状态示意图

5. 有效载荷

嫦娥五号探测器还配置了4台用于科学探测的有效载荷，全部安装在着陆器上，主要探测对象是着陆点周边的地形地貌、浅层结构、物质成分。

嫦娥五号探测器携带的有效载荷

有效载荷	功能简介
降落相机	在探测器落月过程中获取月面的地形地貌图像
月壤结构探测仪	在着陆点探测月壤厚度及月球浅层内部结构
月球矿物光谱分析仪	在可见光和红外波段获取高分辨率的月面反射光谱，开展对月面物质成分和资源的勘察
全景相机	拍摄着陆区域的高分辨率图像，开展月面地形地貌和地质构造研究

知识小课堂：嫦娥五号探测器"四器组合式方案"的由来

嫦娥五号探测器的组成为什么如此复杂？为什么不发射一颗探测器直接降落到月球上，采样后直接返回地球呢？为什么一定要在月球轨道上进行交会对接呢？要回答这些问题，就必须提到火箭发射的一个最基本原理——齐奥尔科夫斯基公式。齐奥尔科夫斯基是苏联人，是现代宇宙航行学的奠基人。他最有名的一句话是：地球是人类的摇篮，但人类不可能永远被束缚在摇篮里。这句话激励着一代又一代的航天人在探索太空的道路上拼搏奋进。

齐奥尔科夫斯基公式，又称"火箭方程"，描述的是在不考虑空气阻力和地球引力的情况下，飞行器在发动机点火工作期间所能获得的速度增量。

$$\Delta V = V_e \times \ln(m_0/m_1) = V_e \times \ln(1 + \Delta m/m_1)$$

式中，ΔV 为飞行器在加速后和加速前的速度差值，即飞行器的速度增量；V_e 为发动机喷出的气体速度；m_0 为飞行器加速前的质量；m_1 为加速后的质量；$\Delta m = m_0 - m_1$，是发动机点火所消耗的燃料质量。从中可以看出，发动机点火时，飞行器的质量越小，燃料消耗量也就越小。

月球采样返回任务需要经历近月制动、月面着陆、起飞上升、月地转移等环节，对速度增量的需求很高。探测器在飞行过程中若能把已经完成任务的舱段分离掉，则可以大幅降低对燃料的需求量，实现探测器的轻量化设计。因此，嫦娥五号探测器被设计成"四器组合"的形式，这4个部分都有自己的特定任务。在飞行过程中，完成任务的飞行器（舱段）会及时分离，从而降低整体重量，节省推进剂。嫦娥五号探测器在发射时的总质量是8 200kg左右，而在返回器携带月球样品回到地球时，只有330kg。

4.7.2 技术创新与突破

嫦娥五号任务关键环节多，技术难度大。虽然我国此前已经掌握了多项关键技术，但是摆在科研人员面前还有"三座大山"，即月面采样封装、月面起飞上升、月球轨道交会对接与样品转移。破解这三大技术难题，对整个任务的成败至关重要。

1. 月面采样封装

要在月面低重力、未知的地形环境下完成样品采集，对采样装置的研制是一次很大的考验。科研人员为了确保高度可靠地完成采样任务，设计了钻取、表取两种方案，分别用于采集月面的深层和浅层样品。

- 月面钻取采样

科研人员研制的钻取采样装置，纵贯了着陆器与上升器，包括支撑结构、钻进机构、加载机构、取芯钻具、整形机构、展开机构、钻取容器等部分，其中钻取容器用于存放钻取得到的样品。该装置通过支撑结构、整形机构与着陆器的侧板、上升器的顶板相连并固定。

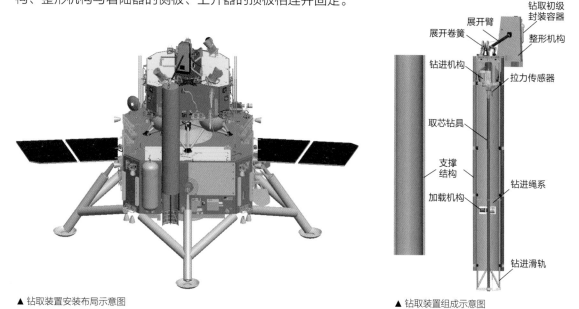

▲ 钻取装置安装布局示意图

▲ 钻取装置组成示意图

钻取采样装置的钻杆长度超过2.5m，能够采集到月面以下2m的样品，并且可以把不同深度的月壤组分以原本的状态保存下来。当钻杆的钻进深度满足要求后，钻取装置会对取芯袋进行封口，将样品封闭在取芯袋中。随后，将取芯袋从钻杆中抽取出来，转移并送入上升器顶部的样品容器中，完成全部钻取采样工作。

- 浅层表取采样

为了采集着陆点周围不同位置和种类的月壤，科研人员研制了表取采样机械臂和表取容器。机械臂长约4m，由多个活动关节、两个臂杆、末端采样器、近摄相机、远摄相机等部件组成，功能十分强大，末端运动精度高达1.5mm。表取容器用于将机械臂采到的样品集中起来，并进行初次封装。

表取采样机械臂如同人的胳膊一样灵活，可以在着陆点周边面积约5m^{2}的扇形区域内采集样品。机械臂的末端配置了两台采样器，一台是铲挖式采样器，另一台是旋挖式采样器，它们如同两只功能不同的手：铲挖式采样器利用铲勺机构挖取浅表层样品，旋挖式采样器采用振动式的管状取芯方法采集松散状态下的月壤。采样器工作一次可采集100～150g的月壤样品。当完成多次采样、采样量满足要求后，机械臂会将表取容器送进上升器顶部的样品容器中，完成全部月面采样封装工作。

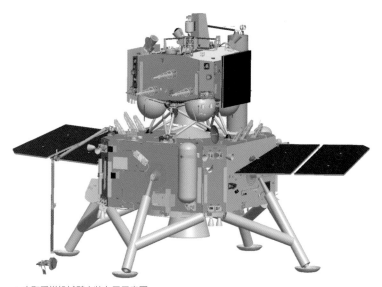

▲ 表取采样机械臂安装布局示意图

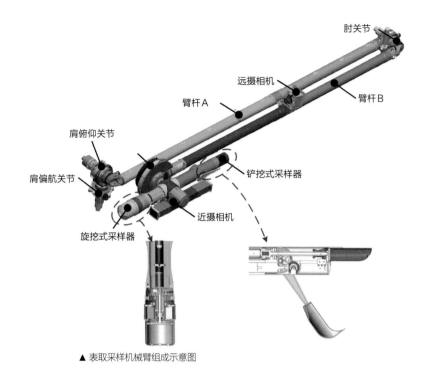

肘关节

远摄相机

臂杆A

臂杆B

肩俯仰关节

铲挖式采样器

肩偏航关节

近摄相机

旋挖式采样器

▲ 表取采样机械臂组成示意图

2. 月面起飞上升

上升器从月面起飞上升的过程，与软着陆的过程刚好相反：上升器通过发动机不断加速，携带月球样品起飞，进入环月飞行轨道。这是我国航天器首次在地外天体上进行起飞。

起飞上升过程分为3个阶段：垂直上升、姿态调整、轨道射入。起飞前，上升器需要确定自身的初始位置和姿态，据此设定起飞的参数；在起飞时刻，3 000N发动机点火，推动上升器以竖直的姿态上升；起飞10s后，上升器会自主按照注入的参数调整飞行姿态，进入与轨道器相同的轨道面，然后逐渐提高飞行高度，最终进入15km×180km的环月椭圆轨道。

上升器是从着陆器顶面起飞的，受到探测器重量和尺寸的限制，上升器的3 000N发动机与着陆

▼ 上升器月面起飞上升过程示意图

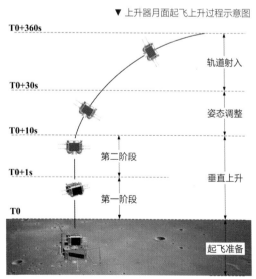

T0+360s

轨道射入

T0+30s

姿态调整

T0+10s

第二阶段

垂直上升

T0+1s

第一阶段

T0

起飞准备

器顶面的间距很小，发动机在点火时刻产生的强大羽流会给上升器施加反作用力，这不但产生较大的干扰力，而且还令上升器的底部遭受羽流的烧蚀。为了把发动机的羽流沿着着陆器的顶面排散掉，科研人员最终采取了圆锥形导流装置的方案，该方案显著降低了发动机羽流的影响，保证了上升器在起飞时的安全性。

▲ 安装在着陆器顶面的上升器支架和导流装置

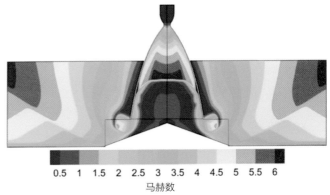

0.5　1　1.5　2　2.5　3　3.5　4　4.5　5　5.5　6
马赫数

▲ 3 000N发动机点火时羽流流场仿真云图

3. 月球轨道交会对接与样品转移

交会对接是两颗航天器由远及近逐渐靠拢，并最终进行连接的过程。在月球轨道上进行交会对接，不仅要"对得上"，而且要"对得准"，才能满足样品转移的要求。

● 轨道交会

嫦娥五号探测器的交会过程，要由轨道器和返回器组合体作为"主动"一方，去"追赶"上升器。轨道器和返回器组合体首先在地面测控站的引导下，飞行至上升器后方50km处；随后利用自身的微波雷达、激光雷达和光学相机，测量得到与上升器的精确距离和方向，然后再控制其飞行轨道逐渐逼近上升器。为了保证飞行过程中的安全，轨道器和返回器组合体会在距离5km、1km、100m时分别进行短暂的停泊，以避免发生意外碰撞。在对接前的最后100m，轨道器和返回器组合体将以2~3cm/s的相对速度缓慢逼近上升器，为对接机构实现可靠的抓捕创造有利条件。

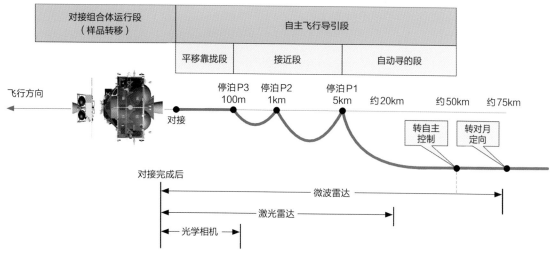

对接组合体运行段 （样品转移）	自主飞行导引段		
	平移靠拢段	接近段	自动寻的段

飞行方向

停泊 P3
100m　　停泊 P2
1km　　停泊 P1
5km　　约20km　　约50km　　约75km

对接

转自主
控制　　转对月
定向

对接完成后

微波雷达

激光雷达

光学相机

▲ 月球轨道交会对接飞行示意图

● 对接与样品转移

受重量和尺寸的限制，科研人员研制了一种轻小型化的对接机构，并与样品转移机构进行了一体化设计。对接机构分为主动件和被动件两部分，主动件有3套抱爪机构，安装在轨道器对接舱的顶面上；被动件有3个手柄，安装在上升器上方。当手柄进入捕获范围后，抱爪机构会快速收拢并紧紧锁住手柄，形成可靠的连接，对接精度可达0.5mm，能够为样品的顺利转移创造必要的条件。

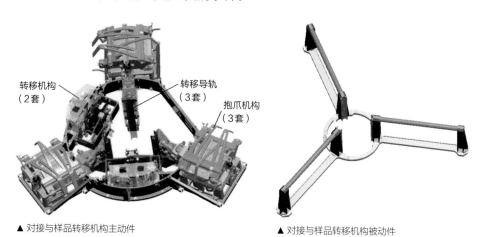

转移机构
（2套）　　转移导轨
（3套）　　抱爪机构
（3套）

▲ 对接与样品转移机构主动件　　　　　▲ 对接与样品转移机构被动件

样品转移任务由上升器、轨道器、返回器协同完成：上升器负责递出样品容器，轨道器负责传送，返回器负责接收，总转移行程为626mm。

虽然这段距离不算长，却好比在太空中"穿针引线"，对精度要求非常高，关键部位的误差如果超过1mm，样品容器就存在被卡住的风险。

为了实现样品容器的可靠转移，两台精巧的连杆机构会通过往复运动，将样品容器一步步推送至返回器样品舱中。为了避免容器在转移过程中被卡住，容器和样品转移机构上分别设置了3套转移导轨，这样可以确保容器沿着导轨平稳地前进，顺利到达返回器的样品舱。

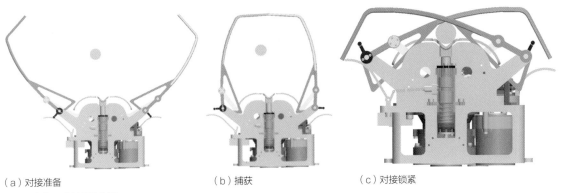

（a）对接准备　　　　　　　　（b）捕获　　　　　　　　（c）对接锁紧

▲ 对接机构工作过程示意图

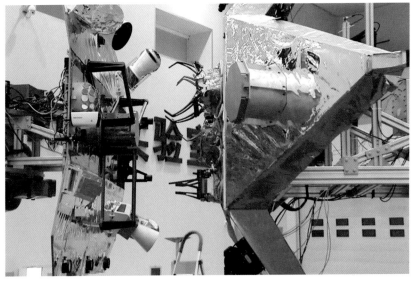

▲ 嫦娥五号探测器交会对接与样品转移专项试验场景图

4.7.3 飞行过程

2020年11月24日4时30分，"嫦娥家族"中的"五姑娘"——嫦娥五号探测器在文昌航天发射场由长征五号运载火箭成功发射，随后进入了地月转移轨道，开启了"蟾宫取宝"的旅程。嫦娥五号探测器从地球出发到达月球，再返回地球，共经历了11个飞行阶段，历时23天。

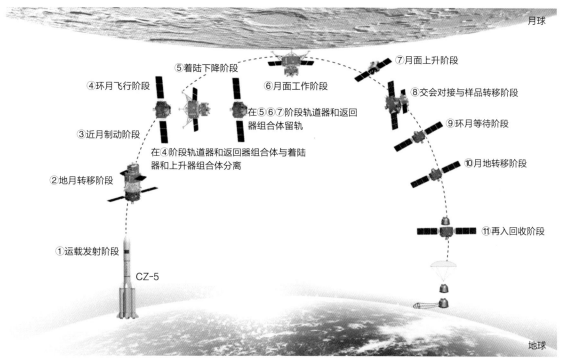

▲ 嫦娥五号探测器飞行过程示意图

1. 顺利环月

嫦娥五号探测器发射入轨后，轨道器太阳翼、定向天线、着陆器太阳翼依次顺利展开，经过4天多的飞行，于2020年11月28日抵达月球附近。随后轨道器的3 000N发动机点火，实施近月制动，探测器顺利进入了环月大椭圆轨道。11月29日，探测器完成轨道调整，进入了倾角43°、高度200km的圆形环月轨道，在此轨道上，探测器分离为轨道器和返回器组合体与着陆器和上升器组合体——前者继续在环月轨

知识小课堂：嫦娥五号探测器为什么选择文昌航天发射场发射？

文昌航天发射场于2009年9月开始建设，2016年投入使用，它具有以下3个优势。

（1）纬度低：航天器在低纬度地区发射，可以借助地球的自转获得一定的初始速度。比如赤道地区的自转速度为465m/s，而南北纬60°地区的自转速度只有232m/s，火箭在低纬度地区发射，可以节约大量的推进剂。

（2）交通便利：发射火箭和航天器都需要运送大量的设备、设施，但大型火箭或大型航天器若通过铁路和公路运输，受到的尺寸限制较多，宽度或高度往往不能超过4m，通过海上运输则可以不受这些制约。

（3）安全性高：从文昌航天发射场发射的火箭面向海洋朝太空飞去，可以显著降低火箭飞行过程中分离出的助推器和各级残骸对地面人员和建筑带来的安全风险。

▲ 文昌航天发射场长征五号运载火箭承载嫦娥五号探测器转场图

道上飞行，等待与上升器交会对接；后者则完成了着陆下降前的准备工作，进入了近月点15km、远月点200km的椭圆轨道。

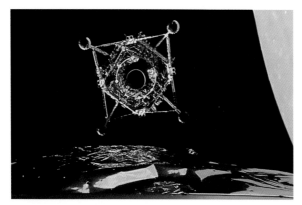

▲ 四器分离后轨道器拍摄到的着陆器和上升器组合体

2. 月球取样

2020年12月1日23时，着陆器和上升器组合体完成动力下降，成功着陆在吕姆克山脉以北地区一块较为平坦的区域。

落月后的采样工作是十分紧张的，因为上升器返回环月轨道的时机是在降落前就设计好的，必须在48h内完成月球样品的采集和封装，以及其他科学探测任务。为此，在任务正式实施之前，科研人员就已经设计了月面采样工作方案，制定了详细的操作流程，并在实验室中进行了上百次的演练。

▼ 着陆器全景相机环拍拼接图

为了确保任务过程万无一失，着陆器和上升器组合体在月面着陆后，先后打开着陆器上的全景相机与月壤结构探测仪，对着陆区的地形地貌和地质结构进行详细探测。地面科研人员根据这些数据，建立采样区的三维仿真模型，制定了采样工作流程，并在地面实验室进行演练。

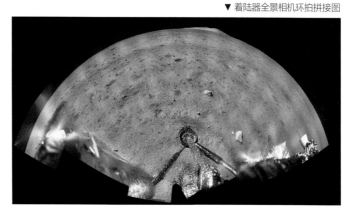

2020年12月2日凌晨，着陆器和上升器组合体正式开始钻取采样，

钻进机构随即向下伸进月面，初期进展十分顺利，10min后，钻头已经到达月面以下90cm的深度，但此后遥测信息显示，钻机遇到了很大的阻力，月壤结构探测仪雷达回波也显示钻头可能遇到了异常坚硬的石块。鉴于这种情况，地面科研人员经过慎重研究，决定对取芯袋进行封口处置，因为这样可以把已经获得的钻取样品保护好，避免影响后续工作。随后，地面发送了回收样品的指令，将取芯袋送入样品容器中，钻取采样工作完成。

▲ 钻取采样装置钻杆钻入月壤

▲ 钻取采样样品封装后状态图

2020年12月2日6时，着陆器和上升器组合体开始进行表取采样。表取采样机械臂共挖取了12个不同位置的月壤，并将这些月壤送入着陆器顶部的表取容器中。全部采样工作完成后，表取容器实施了初次封装。随后，机械臂将表取容器转移至上升器顶部的样品容器中，样品容器关盖后，月面采样封装工作顺利结束。

着陆器和上升器组合体在月面工作期间，还完成了多项原位科学探测任务：全景相机获得了着陆点周边的地形地貌图像，月壤结构探测仪对着陆点下方的月壤结构特性进行探测，月球矿物光谱分析仪则对着陆区周边的物质成分和资源进行勘察。国旗展开机构成功解锁并展开，鲜艳的五星红旗又一次亮丽地展现在月球上。

（a）末端采样器进行铲挖采样

（b）采样器将采集到的样品送入表取容器

（c）表取容器被转移至密封容器中

（d）密封容器关盖

▲ 表取采样和密封封装过程图

3. 月面起飞

2020年12月3日23时，上升器在顺利完成起飞前各项准备工作后，3 000N发动机点火，经过约6min的飞行，上升器护送着月球样品进入了近月点15km、远月点180km的目标轨道，这标志着我国首次实现了航天器在地外天体的起飞。随后，上升器在地面控制和引导下，进入了高度为210km的环月圆轨道，成功抵达了预定的交会对接位置。

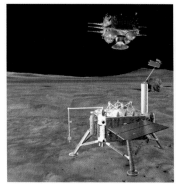
▲ 上升器月面起飞示意图

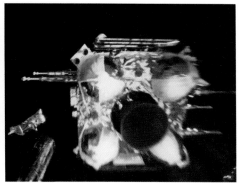
▲ 上升器月面起飞过程图

4. 月壤交接

2020年12月6日5时，轨道器和返回器组合体与上升器开始实施月球轨道交会对接。当上升器位于轨道器与返回器组合体前方约50km、上方约10km时，轨道器和返回器组合体开始利用微波雷达、激光雷达、光学相机等设备，自主控制以靠近上升器。在到达与上升器的预定距离时，轨道器上的抱爪机构迅速地捕获并锁定了上升器上的被动件手柄，完成了可靠的连接。6时12分，上升器解除了对密封容器的连接，轨道器上的转移机构开始工作，密封容器沿着预设的转移导轨，进入返回器的样品舱中，月壤交接工作顺利完成。

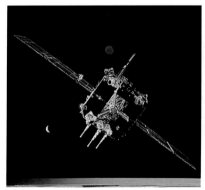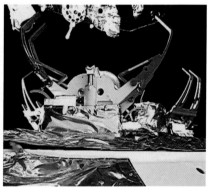

▲ 交会对接前上升器飞行状态图　　　　　▲ 交会对接前轨道器抱爪机构展开状态图

2020年12月6日12时，上升器"告别"轨道器和返回器组合体，完成任务使命。地面控制人员为了避免上升器成为绕月轨道上的太空垃圾，对它下达了与嫦娥一号卫星相同的处置指令——受控撞月。

5. 载誉归来

2020年12月13日，在经过6天的等待后，轨道器和返回器组合体进入月地转移轨道，飞向地球。12月17日凌晨，在距离地面约5 000km时，返回器与轨道器解锁分离，返回器再次进入大气层返回地球，轨道器则留在轨道上执行后续的拓展任务——飞行进入环绕日地L1点的利萨如轨道，并完成多项技术验证试验，这也是中国的航天器首次进入该飞行轨道。

嫦娥五号返回器也像嫦娥五号飞行试验器那样，采用了半弹道跳跃式再入返回方式，并且同样经受住了严酷、恶劣的气动环境考验。2020年12月17日1时59分，在经过漫长的飞行之后，返回器携带月球样品，在我国内蒙古自治区四子王旗的预定回收区域安全着陆。嫦娥五号任务取得圆满成功。

◀ 嫦娥五号返回器安全返回至四子王旗航天着陆场

4.7.4 科技成果

嫦娥五号探测器自2011年1月开始研制，至2020年12月实现我国首次地外天体无人采样返回，跨度整整10年。"十年磨一剑"，嫦娥五号探测器作为一项复杂程度高、技术跨度大的工程项目，使我国突破性地掌握了一系列深空探测关键技术，取得了丰硕的科技成果，实现了我国探月工程中的多个"首次"，填补了人类对月球认识的多项空白。

2020年12月19日，中国国家航天局在北京举行了月球样品交接仪式。经测量，嫦娥五号探测器共获取月球样品1731g。这些珍贵样品随后交付给我国的科学家进行研究。

科学家通过研究嫦娥五号探测器带回的月球样品，取得了一系列重大的研究成果，并在国内外学术期刊上陆续发表。研究结果表明，嫦娥五号探测器采集的月球样品属于一类新的月海玄武岩，填补了美国和苏联月球样品的类型空白；月球的岩浆活动一直持续到距今约19.6亿年前，刷新了人类对月球岩浆活动和热演化历史的认知，为"月球年轻火山成因"这一重要科学问题提供了全新的解释。此外，科学家还准确测定了月壤样品中40多种元素的含量，发现了一种全新的矿物质——"嫦娥石"，这是人类在月球上发现的第六种新矿物，通过对"嫦娥石"形成条件的研究，可以为分析月球岩浆的演化提供新线索。

▲ 携带月球样品的嫦娥五号密封容器

▲ 存放在中国国家博物馆并对外展出的嫦娥五号"月球样品001号"

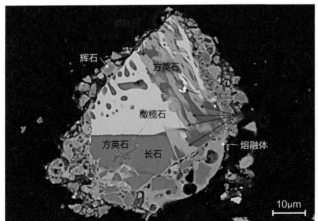

▲ 嫦娥石和共生矿物扫描电镜照片

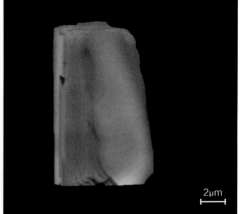

▲ 嫦娥石真实颗粒CT扫描三维形态图

此外，为了充分发挥嫦娥五号任务作为国家重大工程项目的示范引领作用，返回器还搭载了其他一些有特别价值和意义的项目。

- 深空环境农作物育种试验

为了充分研究和利用地月空间中的独特环境，培育高产量、高质量的农作物品种，返回器搭载了12包农作物种子，涵盖水稻、大麦、苜蓿、花卉等24个类别，这是我国首次在深空环境下进行航天育种试验。这些"太空种子"回到地球后被精心培育，已经完成了多轮种植和筛选，未来有望得到大面积推广种植。

▲ 嫦娥五号返回器搭载的水稻种子及其发芽后图片　　　　　　▲ 嫦娥五号返回器搭载的水稻种子培育后喜迎丰收

- 2022年北京冬季奥运会展示品

为了预祝2022年北京冬季奥运会成功召开，返回器搭载了具有代表性的展示品：国际奥林匹克委员会会旗、北京冬季奥运会会旗、吉祥物冰墩墩和雪容融、纪念徽章、吉祥物纪念徽章。2020年12月21日，这些经历过月球之旅的冬季奥运会展示品集中亮相，受到社会的广泛关注和高度评价，创造了奥运文化与航天科技融合创新的典范。

▲ 嫦娥五号返回器搭载的北京冬季奥运会展示品

第5章
CHAPTER 5

月球探测的未来

1972年12月，美国的阿波罗17号飞船完成载人登月任务，离开了月球。自那之后的半个世纪，人类再也没有踏上月球。进入21世纪，随着世界各国再次将目光聚焦到这个离我们最近的天体，探月的热情再次被点燃，月球探测史掀开了新的篇章。

2004年，美国提出了新的载人航天项目，计划重返月球并建设月球基地，其他航天大国相继提出了载人登月计划。与此同时，随着我国探月工程任务的顺利实施，我国的载人登月任务、无人月球科研站等规划逐渐提上日程，目前正在开展方案论证和研究工作。相信在不久的未来，人类的月球探测活动将会迎来快速发展。

5.1. 载人登月新蓝图

载人登月是一项极其复杂的系统工程，不仅需要具有安全可靠的地月往返运输系统，还需要具有完备的航天员生命保障系统，这些都离不开巨大的资金和技术投入。虽然一些航天大国纷纷提出载人登月的计划，但是这些计划大多还停留在规划阶段，只有为数不多的几个国家在继续开展工作。不过随着越来越多国家的积极参与和科学技术的不断进步，相信人类不久就会再次登上月球。

5.1.1 美国载人登月计划

1. 星座计划

2004年1月，时任美国总统的乔治·沃克·布什提出了新的载人航天项目"星座计划"，宣布要开发新型的载人飞行器、月球着陆器，以及新型的运载火箭，让美国航天员于2020年重返月球，并在月球建立永久基地，为登陆火星做准备。

"星座计划"的整体实施路线充分参考了当年阿波罗计划的经验，计划由航天员乘坐猎户座飞船，利用战神一号运载火箭发射升空。在"星座计划"中，猎户座飞船会在绕月球的轨道上与登月舱完成交会对接，航天员进入登月舱，在月面着陆，飞船则留在轨道上等待，2名航天员在月面进行为期7天的科学考察；航天员完成任务后，乘坐登月舱的上升级飞离月面，返回环月轨道，并与飞船再次交会对接，随后乘坐飞船返回地球。

　　"星座计划"在阿波罗计划的基础上进行了改进，创新性地采用"人货分离"的运输方式，即载人飞船和登月舱分两次发射，这样可以大大降低单次发射时的重量。

　　"星座计划"因耗资巨大、进度延后等问题于2011年被取消，保留下来的只有猎户座飞船项目，以及太空发射系统超重型运载火箭项目，作为后续载人登月和火星探测项目的技术储备。2014年12月5日，猎户座飞船首次无人测试飞行成功，飞船返回舱安全返回至太平洋上的着陆区；地面人员迅速抵达落点，完成了对返回舱的回收。

◀猎户座飞船海上溅落现场
（图片来源：NASA）

2. 阿尔忒弥斯计划

"星座计划"取消后不久，美国又开启了新的载人登月计划。2017年12月，时任美国总统的唐纳德·特朗普签署了《1号太空政策指令》，宣布美国航天员将重返月球。2019年3月，这个新计划以希腊神话中的月亮女神阿尔忒弥斯命名，并计划在2024年实现载人登月，2028年实现月球基地建设。阿尔忒弥斯计划是阿波罗登月成功之后又一项庞大的探月工程，将对人类的太空格局产生重大的影响。除作为发起国的美国之外，已有日本、加拿大等国家签署了《阿尔忒弥斯协定》，将共同参与月球探测和月球资源开发利用工作。

▲ 阿尔忒弥斯计划想象图（图片来源：NASA）

目前，阿尔忒弥斯计划正处于第一阶段的实施过程中，任务目标是实现载人登月，将研制太空发射系统、猎户座飞船等，同时开展"月球轨道平台"部分模块的建设。

太空发射系统属于超重型运载火箭，是从航天飞机演变而来的，负责把飞船、货物补给运送至月球轨道附近，近地轨道运载能力计划在70~110t，后续增加到143t以上。猎户座飞船则沿用了"星座计划"中的设计方案，拟继续作为载人飞船，携带4名航天员和保障物资，开展为期21天以上的探月任务。

▲ 美国阿尔忒弥斯计划的太空发射系统（图片来源：NASA）   ▲ 美国阿尔忒弥斯计划的猎户座飞船（图片来源：NASA）

月球轨道平台是位于月球"近直线晕轨道"（NRHO）上的一个小型空间站，既可以作为月球轨道通信中枢、科学实验室，还可以作为航天员短期驻留、飞行器停靠的设施，为月球探测任务及未来的火星探测任务提供支持。平台建设的第一阶段将主要完成核心模块的在轨部署，如能源、动力与推进、通信、居住与后勤补给等模块。此外，美国还计划建设一套新的地面系统和深空通信网络系统，用来支持其深空探测任务。

美国这一阶段的"载人登月"任务又可细分为3个步骤。

第一步，发射阿尔忒弥斯1号，进行无人环月飞行，用于检验太空发射系统和猎户座飞船的功能、性能与生命保障能力。

第二步，发射阿尔忒弥斯2号，进行载人环月飞行。按计划将有4名航天员登上飞船，并在环月轨道上模拟实施交会对接和分离环节。

第三步，发射阿尔忒弥斯3号，正式登陆月面。此次任务仍将有4名航天员参加，其中2名航天员会登陆月面，包括1名女航天员。

阿尔忒弥斯1号于2022年11月16日成功发射，飞船返回舱于12月11日返回地球，任务取得圆满成功。此外，美国还在2022年6月完成了地月自主定位系统技术操作和导航实验立方星的发射，对月球轨道平台的相关技术进行验证。据报道，阿尔忒弥斯计划已经面临一定程度的延期，首次载人登月时间可能推迟至2025年或2026年。

5.1.2　中国载人登月计划

我国正在对自己的载人登月方案进行深化论证，并组织开展了关键技术攻关工作。根据已公布的初步计划，我国将在2030年左右实现载人登月这一宏伟目标。

从初步论证的结果来看，我国的首次载人登月任务将需要进行两次发射，第一次先发射登月舱，第二次再发射新一代的载人飞船。3名航天员将乘坐载人飞船进入环月飞行轨道，在轨道上和登月舱进行交会对接，随后会有2名航天员进入登月舱，在月面进行软着陆，完成月面工作后，2名航天员再搭乘上升器回到环月轨道，与飞船再次进行交会对接，最后乘坐飞船返回地球。根据初步预算，载人登月舱的质量将达到20t，可以携带较多的探测设备，更好地支持在月面开展科学探测活动，并携带更多的月球样品回到地球，为将来登陆火星积累经验。

5.1.3　其他国家载人登月计划

欧洲航天局及日本、俄罗斯等组织和国家都提出过载人登月计划，并准备选送航天员前往月球执行探测任务。欧洲航天局在2004年就提出了名为"曙光"的太空探索计划，计划于2024年实现载人登月。日本在2005年公布了其太空探索长期规划，提出要逐步发展月面着陆和巡视探测技术、月面长期驻留技术、载人登月及月球基地建设技术等。2016年，俄罗斯提出分3个阶段逐步实现月球探测和载人登月，计划在2025年至2035年测试登月技术，并执行首次载人登月任务，2035年之后在月球上搭建一个完整的、可居住的基地。

这些计划由于各方面因素的限制，未能如期执行，已被搁置或放弃。日本和欧洲的部分国家已经加入美国主导的阿尔忒弥斯计划，将在其中负责研制月球轨道平台的部分舱段、月面探测器的部分模块等，并计划派遣航天员参加登月活动。

5.2 月球基地畅想曲

5.2.1 月球上的"家园"

月球基地是人类在月球上建立的生活与工作场所，能够为工程活动和科学探测提供保障，将会成为人类在地球之外建设的"新家园"。为了有效支撑月球探测和开发活动，月球基地需要"身兼数职"：作为能源开发基地，对月球的能源和资源进行探测和开采；作为科学研究基地，充分利用月面高真空、高洁净、弱引力的特殊环境；作为深空探测的中转站，为未来星际探测任务提供中继通信服务和深空中转服务。

知识小课堂：月球上有什么资源值得开采利用

作为离地球最近的星球，月球可是一位能量巨大的"小兄弟"——它蕴藏了丰富的自然资源，还拥有一种在地球上很难生产的、十分宝贵的"未来能源"氦-3。氦-3是一种氦的同位素气体，无色、无味、无臭，且状态十分稳定，化学符号是^{3}He，其原子核由两个质子和一个中子构成。它是一种优质的核聚变材料，在参与核聚变的过程中，只释放热量而不产生放射性物质，是理想的清洁能源之一。

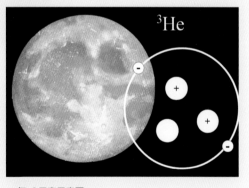

▲ 氦-3元素示意图

地球上的氦-3储量稀少，在所有氦气中的占比仅为1.38×10^{-6}，地球表面已知的氦-3只有几百千克。根据目前月球探测的结果，月球上的氦-3含量很可能在1×10^6t左右。此外，月球上还有其他很多宝贵的资源，正等待我们继续探寻。

5.2.2　月球基地的形式

　　月球基地可以有多种形式，国际上也有多种方案设想。按照结构形式和建筑材料来区分，可以分为以下3种主要类型：刚性结构月球基地、柔性结构月球基地、移动式月球基地。

1. 刚性结构月球基地

　　刚性结构月球基地的最大优点在于使用寿命长、后期维护方便。它可以由金属材料或复合材料搭建，甚至可以采用混凝土结构。

　　金属材料或复合材料密度低、强度高，易于进行模块化的装配和维护，但是这两类材料需要在地球上制造，然后再运输到月面，运输成本巨大。如果采用混凝土结构，则可以充分利用丰富的月壤资源作为建筑材料，在月球上直接进行建造，例如采用3D打印成型技术制造各种建筑构件，不过这也可能需要地面提供一定数量的辅助材料。这种建设方式被称为月球基地的"原位建造"。

▶ 刚性结构月球基地设想图

2. 柔性结构月球基地

　　柔性结构月球基地主要采用充气展开式结构，优点是重量轻、可塑性强、采光性能好。与刚性结构相比，充气式的月球基地抵抗小型陨石颗粒的能力较弱，受到撞击容易损毁，安全隐患较大。同时柔性结构的材料性能在经受太阳的长期照射后容易退变，耐用寿命相对有限。在实际建造过程中，可以采用"柔性+刚性"结构的组合形式，这样能够同时兼具两种结构的优点。

◀柔性+刚性结构月球基地设想图

3. 移动式月球基地

为了在更大的范围内开展月面探测，科学家提出了移动式月球基地方案设想，它可以是一组会移动的月球车，也可以是能够在月面"行走"的舱体模块。把不同的模块恰当地组合起来，可以为航天员提供舒适的工作环境和居住场所。

◀轮腿式结构月球基地（月面机器人）设想图

5.2.3 月球基地发展规划

1. 美国月球基地规划

早在2007年，美国NASA就宣布要在月球上建立月球基地，并将其命名为"月球前哨站"计划，还公布了其组成框架。后来随着阿尔忒弥斯计划的提出，美国调整了月球基地的实施方案，即依托阿尔忒弥斯计划开展后续建设工作。阿尔忒弥斯计划在完成第一阶段载人登月任务后，第二阶段的主要任务是建设一系列的地月空间基础设施和月面基础设施，为长期、可持续地探测和开发月球资源提供条件。在第二阶段，将执行阿尔忒弥斯4~6号共3次发射任务，在开展着陆探测的同时，逐步完成月球轨道平台的构建，支持航天员的长期开展月面科学探测活动，并为载人火星探测做准备。在此之后，美国将继续开展月球基地的建设，建成后的基地将包括月球地面站、月球漫游车、移动居住平台、月面电力系统和通信网络等模块设施，为航天员长期执行任务提供生存保障。

▲ NASA提出的月球基地设施概念图（图片来源：NASA）

阿尔忒弥斯计划中的月球基地，目前规划建设在月球南极地区沙克尔顿撞击坑的边缘。这一区域可以兼顾工程技术实施和科学探测价值两方面的因素。此外，月球两极附近的昼夜温差较小，温度变化幅度只有大约50℃，而如果是在中纬度地区，温度变化幅度至少为250℃。昼夜温差较小对设备设施的温度耐受能力要求较低，也方便在永久阴影处寻找水冰并开展长期的科学探测。

2. 中国月球科研站规划

在探月工程"绕、落、回"三步走发展规划成功实现后，中国航天开启了无人月球探测的新征程：探月工程四期已经立项启动，将陆续发射嫦娥六号、嫦娥七号和嫦娥八号探测器，分别完成月球背面采样返回、月球南极极区环境与资源勘探、月面资源利用技术验证等任务，并建立月球科研站基本型，整个工程计划于2030年前后完成。

在此基础上，我国还计划联合国际合作伙伴，共同建设国际月球科研站，以期更好地探索月球环境、和平开发利用月球资源。国际月球科研站将会成为在月球表面与月球轨道长期自主运行、短期有人参与、可进行扩展和维护的综合性科学试验设施。它具备能源供应、中枢控制、通信导航、天地往返、月面科考和地面支持等保障能力，可用于持续开展科学探测研究、资源开发利用、前沿技术验证等多学科、多目标、大规模科学技术活动。

▲ 国际月球科研站合作伙伴指南

按照设计构想，国际月球科研站将由5个部分组成：地月运输系统、月面长期运行保障系统、月面运输与操作系统、月球科研设施系统、地面支持及应用系统。按照"总体规划、分步实施、边建边用"的原则，它的建设分为三阶段实施。

● **基本型建设阶段**：在2030年前后建成国际月球科研站基本型，开展月背采样返回、月球南极环境探测和资源利用试验验证。

● **完善型建设阶段**：在2040年前逐渐完善国际月球科研站，通过执行多次发射与建设任务，开展月面科学探测、月球资源开发利用、日－地－月空间环境探测、月基天文观测和科学实验，并可服务于载人登月等深空探测活动。

● **应用型建设阶段**：在完善型之后，建设应用型月球科研站，由科研型实验站逐步升级到实用型、多功能月球基地，支撑后续开展更大规模、更多形式的月球资源开发利用、月基科学研究等月面科研作业活动。

建造国际月球科研站是一个宏大的航天计划。中国秉持"和平利用、平等互利、共同发展"原则，积极促进国际月球科研站的国际合作，面向所有感兴趣的国家、地区和组织开放，有力推动月球探测与研究、月球资源开发利用等事业的发展，为构建人类命运共同体贡献中国力量。

▲ 中国倡导提出的国际月球科研站构想示意图

3. 国外其他月球基地设想

进入21世纪以来，其他一些国家也提出了关于建设月球基地的构想。比如日本以机器人为主的建设方案和俄罗斯可长期运行的大规模建设方案，虽然尚未开展实质性的建设，但都具有较强的创新性，工程上也具备较好的可实现性；欧洲航天局提出的"国际月球村"项目，更是设置了科研实验室、生活休息区、紧急避难所等不同的区域，使航天员不仅能够更好地执行探测任务，还可以享受惬意的月球旅行生活，绘制出一派令人向往的美好景象。

5.3 月球探测方兴未艾

月球，是人类共同的财富。探索月球、合理开发利用月球资源，是人类共同的愿景。进入21世纪以来，更多的国家加入到月球探测的队伍中，月球探测可谓方兴未艾！

概括来看，未来的月球探测有三大主题：建立永久性月球基地、开发利用月球资源、以月球为中转站走向深空。在这样的主题下，月球探测能力将不断加强，资源利用水平将逐步提高，将更好地支持人类开展深空探测活动。未来的月球探测任务将主要瞄准4个方向。

- 科学探测。又可细分为3个方面。一是研究月球本身的科学问题——通过地质学、物理学和化学等多个学科的综合研究，精细地再现月球演化的历史，揭示月球的岩浆洋形成与演化、月球内部圈层结构及其物质分布特性等科学难题；二是研究日－地－月空间环境问题——以月球为观测基站实施对地科学观测，对地球板块构造、地球辐射平衡、火山活动和地震等问题进行探究；三是开展天文观测——利用月球对来自太阳系行星和太阳系以外的空间低频射电信息进行观测，助力实现宇宙起源和演化等相关重大科学问题的原始创新。

- 科学与技术实验。利用月球特殊的高真空、低重力、强辐射等环境条件，构建地外科学与技术实验基地。一方面可以开展空间生命科学、材料科学、物理学和化学等基础学科实验，为构建月球空间生态系统、支撑人类在月球长期生存进行基础理论验证；另一方面可以开展月面先进能源、通信设施建设、人机联合探测等实验验证，持续提升人类月球探测技术水平。

- 资源勘察与利用。主要是评估月球上的矿产资源，研究月球资源的应用前景等，以更好地服务于人类发展，同时开展月球资源原位利用技术研究与验证，从月壤和岩石中提取水、氢气和氧气等资源，攻克月壤增材制造与原位建造技术，助力人类实现月面长期生存，为未来人类建设自给自足的地外家园奠定基础。

- 深空探测"中转站"。弱引力、丰富的物质资源、高真空的环境，使得月球有优势成为人类进入深空的"跳板"和"中转站"。未来的月球，可能会成为深空探测任务的资源补给站、轨道中转站和深空中继通信站等，为人类开展深空探测活动提供更加便利的条件，同时也有利于降低任务实施风险。

相信在不久的将来，月球会成为除空间站之外，人类探索宇宙的又一个地外长期驻留前哨站。届时，人类可以择机发展月球电站、月球建筑、月球农业、月球旅游等太空产业，逐步建设和完善月球家园。希望当我们再次遥望这颗让人遐思无限的星球时，将会看到一座座"月球小镇"拔地而起，不断谱写构建人类命运共同体、推动人类社会共同发展的新篇章！

▲ 未来可长期居住的月球基地设想图

参考文献

[1] 吴伟仁. 奔向月球[M]. 北京: 中国宇航出版社, 2007.

[2] 吴伟仁, 刘继忠, 唐玉华, 等. 中国探月工程[J]. 深空探测学报, 2019, 6(5): 405-416.

[3] 吴伟仁, 于登云. 深空探测发展与未来关键技术[J]. 深空探测学报, 2014, 1(1): 5-17.

[4] 侯建文, 阳光, 满超. 深空探测: 月球探测[M]. 北京: 国防工业出版社, 2016.

[5] 吴伟仁, 李海涛, 李赞, 等. 中国深空测控网现状与展望[J]. 中国科学: 信息科学, 2020, 50(1): 87-108.

[6] 中国科学院. 中国学科发展战略·载人深空探测[M]. 北京: 科学出版社, 2016.

[7] BBC《仰望夜空》杂志. 阿波罗大揭秘[M]. 冯麓, 译. 北京: 人民邮电出版社, 2019.

[8] 吴伟仁, 于登云, 王赤, 等. 嫦娥四号工程的技术突破与科学进展[J]. 中国科学: 信息科学, 2020, 50(12): 1783-1797.

[9] 吴伟仁, 罗辉, 谌明, 等. 面向日地拉格朗日L2点探测的深空遥测数传系统设计与试验[J]. 系统工程与电子技术, 2012, 34(12): 2559-2563.

[10] 叶培建, 曲少杰, 马继楠, 等. 征程: 人类探索太空的故事[M]. 北京: 科学出版社, 2021.

[11] 欧阳自远. 月球科学概论[M]. 北京: 中国宇航出版社, 2005.

[12] 吴伟仁, 刘旺旺, 唐玉华, 等. 深空探测几项关键技术及发展趋势[J]. 国际太空, 2013(12): 45-51.

[13] 孙泽洲. 深空探测技术[M]. 北京: 北京理工大学出版社, 2018.

[14] 孙泽洲, 孟林智. 中国深空探测现状及持续发展趋势[J]. 南京航空航天大学学报, 2015, 47(6): 785-791.

[15] 叶培建, 彭兢. 深空探测与我国深空探测展望[J]. 中国工程科学, 2006, 8(10): 13-18.

[16] 叶培建, 饶炜, 孙泽洲, 等. 嫦娥一号月球探测卫星技术特点分析[J]. 航天器工程, 2008, 17(1): 7-11.

[17] 中国科学院月球与深空探测总体部. 月球与深空探测[M]. 广州: 广东科技出版社, 2014.

[18] 唐纳德·拉普. 面向载人月球及火星探测任务的原位资源利用技术[M]. 果琳丽, 郭世亮, 张志贤, 等译. 北京: 中国宇航出版社, 2018.

[19] 欧阳自远, 李春来. 绕月探测工程月球科学与探测技术研究[M]. 北京: 科学出版社, 2015.

[20] 欧阳自远, 李春来, 邹永廖, 等. 绕月探测工程的初步科学成果[J]. 中国科学: 地球科学, 2010, 40(3): 261-280.

[21] 欧阳自远. 月球探测对推动科学技术发展的作用[J]. 航天器工程, 2007, 16(6): 5-8, 24.

[22] 欧阳自远. 嫦娥工程月球手册[M]. 北京: 中国宇航出版社, 2006.

[23] 褚桂柏, 张熇. 月球探测器技术[M]. 北京: 中国科学技术出版社, 2007.

[24] 刘继忠, 邹永廖. 铸就辉煌-中国探测工程科学成果(第一辑)[上、下][M]. 北京: 中国宇航出版社, 2019.

[25] 孙宏金. 卫星巡天[M]. 北京: 科学普及出版社, 2019.

[26] 果琳丽, 王平, 朱恩涌. 载人月球基地工程[M]. 北京: 中国宇航出版社, 2013.

[27] 孙泽洲, 张廷新, 张熇, 等. 嫦娥三号探测器的技术设计与成就[J]. 中国科学: 技术科学, 2014, 44(4): 331-343.

[28] 孙泽洲, 贾阳, 张熇. 嫦娥三号探测器技术进步与推动[J]. 中国科学: 技术科学, 2013, 43(11): 1186-1192.

[29] 叶培建, 黄江川, 孙泽洲, 等. 中国月球探测器发展历程和经验初探[J]. 中国科学: 技术科学, 2014, 44(6): 543-558.

[30] 叶培建, 孙泽洲, 张熇, 等. 嫦娥四号探测器系统任务设计[J]. 中国科学: 技术科学, 2019, 49(2): 124-137.

[31] 欧阳自远, 李春来, 邹永廖, 等. 嫦娥一号卫星的科学探测[C]//中国空间科学学会第七次学术年会会议手册及文集. 2009: 68-82.

[32] 欧阳自远, 李春来, 邹永廖, 等. 嫦娥一号的初步科学成果[J]. 自然杂志, 2010, 32(5): 249-254.

[33] OUYANG Z Y, JIANG J S, LI C L, et al. Preliminary scientific results of Chang'E-1 lunar orbiter: based on payloads detection data in the first phase[J]. Chinese Journal of Space Science, 2008, (5): 9-17.

[34] 李春来, 刘建军, 任鑫, 等. 嫦娥一号图像数据处理与全月球影像制图[J]. 中国科学: 地球科学, 2010, 40(3): 294-306.

[35] 李春来, 任鑫, 刘建军, 等. 嫦娥一号激光测距数据及全月球DEM模型[J]. 中国科学: 地球科学, 2010, 40(3): 281-293.

[36] 李春来, 刘建军, 任鑫, 等. 基于嫦娥二号立体影像的全月高精度地形重建[J]. 武汉大学学报(信息科学版), 2018, 43(4): 485-495.

[37] LI C L, LIU D W, LIU B, et al. Chang'E-4 initial spectroscopic identification of lunar far-side mantle-derived materials[J]. Nature, 2019, 569(7756): 378-382.

[38] LI C L, SU Y, PETTINELLI E, et al. The moon's farside shallow subsurface structure unveiled by Chang'E-4 lunar penetrating radar[J]. Science Advances, 2020, 6(9):

eaay6898.

[39] 胡浩, 裴照宇, 等. 中国首次月球采样返回工程[M]. 北京: 中国宇航出版社, 2022.

[40] 杨孟飞, 张高, 张伍, 等. 月面无人自动采样返回任务技术设计与实现[J]. 中国科学: 技术科学, 2021, 51(7): 738-752.

[41] 杨孟飞, 张高, 张伍, 等. 探月三期月地高速再入返回飞行器技术设计与实现[J]. 中国科学: 技术科学, 2015, 45(2): 111-123.

[42] 孙辉先, 李慧军, 张宝明, 等. 中国月球与深空探测有效载荷技术的成就与展望[J]. 深空探测学报, 2017, 4(6): 495-509.

[43] SUN H X, DAI S W, YANG J F, et al. Scientific objectives and payloads of Chang'E-1 lunar satellite[J]. Journal of Earth System Science, 2005, 114(6): 789-794.

[44] 孙辉先, 吴季, 张晓辉, 等. 嫦娥二号卫星科学目标和有效载荷简介[C]// 第二十三届全国空间探测学术交流会论文摘要集. 2010: 20.

[45] WANG J, CAO L, MENG X M, et al. Photometric calibration of the lunar-based ultraviolet telescope for its first six months of operation on the lunar surface[J]. Research in Astronomy and Astrophysics, 2015, 15(7): 1068-1076.

[46] XIAO L, ZHU P M, FANG G Y, et al. A young multilayered terrane of the northern Mare Imbrium revealed by Chang'E-3 mission[J]. Science, 2015, 347(6227): 1226-1229.

[47] 刘奇, 王竞, 黄茂海, 等. 嫦娥三号月基光学望远镜图像中的宇宙线识别[J]. 光学精密工程, 2021, 29(10): 2330-2339.

[48] 代树武, 贾瑛卓, 张宝明, 等. 嫦娥三号有效载荷在轨测试初步结果[J]. 中国科学: 技术科学, 2014, 44(4): 361-368.

[49] 丁春雨, 刘凯军, 黄少鹏, 等. 微波雷达在嫦娥探月工程中的应用[J]. 地质学报, 2021, 95(9): 2805-2822.

[50] 李志杰, 果琳丽, 梁鲁, 等. 有人月球基地构型及构建过程的设想[J]. 航天器工程, 2015, 24(5): 23-30.

[51] 邓湘金, 郑燕红, 金晟毅, 等. 嫦娥五号采样封装系统设计与实现[J]. 中国科学: 技术科学, 2021, 51(7): 753-762.

[52] 杨建中, 曾福明, 满剑锋, 等. 嫦娥三号着陆器着陆缓冲系统设计与验证[J]. 中国科学: 技术科学, 2014, 44(5): 440-449.